青少年自然科普丛书

宇 宙 探 索

方国荣　主编

台海出版社

图书在版编目（CIP）数据

宇宙探索 / 方国荣主编. —北京：台海出版社，
2013．7
（大自然科普丛书）
ISBN 978-7-5168-0200-7

Ⅰ．①字…Ⅲ．①方…Ⅲ．①宇宙—青年读物
②宇宙—少年读物 Ⅳ．①P159-49

中国版本图书馆CIP数据核字（2013）第132709号

宇宙探索

主　　编：方国荣	
责任编辑：姜　航	
装帧设计： 视界创意	版式设计：钟雪亮
责任校对：李艳芬	责任印制：蔡　旭

出版发行：台海出版社
地　　址：北京市朝阳区劲松南路1号，　邮政编码：　100021
电　　话：010—64041652（发行，邮购）
传　　真：010—84045799（总编室）
网　　址：www.taimeng.org.cn/thcbs/default.htm
E-mail：thcbs@126.com

经　　销：全国各地新华书店
印　　刷：北京一鑫印务有限公司
本书如有破损、缺页、装订错误，请与本社联系调换

开　　本：710×1000　　1/16
字　　数：173千字　　　　　　　印　　张：11
版　　次：2013年7月第1版　　　印　　次：2021年6月第3次印刷
书　　号：ISBN 978-7-5168-0200-7

定价：28.00元

目录 MU LU

我们只有一个地球

方国荣

　　巨人安泰是古希腊神话中一个战无不胜的英雄，他是人类征服自然的力量象征。

　　然而，作为海神波塞冬和地神盖娅的儿子，安泰战无不胜的秘诀在于：只要他不离开大地——母亲，他就能汲取无尽的能量而所向无敌。

　　安泰的秘密被另一位英雄赫拉克勒斯察觉了。赫拉克勒斯将他举离地面时，安泰失去了母亲的庇护，立刻变得软弱无力，最终走向失败和灭亡。

　　安泰是人类的象征，地球是母亲的象征。人类离不开地球，就如鱼儿离不开水一样。

　　人类所生存的地球，是由土地、空气、水、动植物和微生物组成的自然世界。这个世界比人类出现要早几十亿年，人类后来成为其中的一个组成部分；并通过文明进程征服了自然世界，成为自然的主人。

　　近代工业化创造了人类的高度物质文明。然而，安泰的悲剧又出现了：工业污染，动物濒灭，森林砍伐，水土流失，人口倍增，资源贫竭，粮食危机……地球母亲不堪重负，人类的生存环境遭到人类自身严重的破坏。

　　人类曾努力依靠文明来摆脱对地球母亲的依赖。人造卫星、航天飞机上天，使向月亮和其他星球"移民"成为可能；对宇宙的探索和征服使人类能够寻找除地球以外的生存空间，几千年的神话开始走向现实。

　　然而，对于广袤无际的宇宙和大自然来说，智慧的人类家族仍然是幼稚的——人类五千年的文明成果对宇宙时空来说只是沧海一粟。任何成功的旅程都始于足下——人类仍然无法脱离大地母亲的庇护。

美国科学家通过"生物圈二号"的实验企图建立起一个模拟地球生态的人工生物圈，使脱离地球后的人类能到宇宙中去生存。然而，美好理想失败了，就目前的人类科技而言，地球生物圈无法人工再造。

英雄失败后最大的收获是"反思"。舍近求远不是唯一的出路，我们何不珍惜我们现在的生存空间，爱我地球、爱我母亲、爱我大自然，使她变得更美丽呢？

这使人类更清晰地认识到：人类虽然主宰着地球，同时更依赖着地球与地球万物的共存；如果人类破坏了大自然的生态平衡，将会受到大自然的惩罚。

青少年是明天的主人、世界的主人，21世纪是科学、文明、人与自然取得和谐平衡的世纪。保护自然、保护环境、保护人类家园是每个青少年义不容辞的职责。

"青少年自然科普丛书"是一套引人入胜的自然百科和环境保护读物，融知识性和趣味性于一炉。你将随着这套丛书遨游太空和地球，遨游海洋和山川，遨游动物天地和植物世界；大至无际的天体，小至微观的细菌——使你从中学到丰富的自然常识、生态环境知识；使你了解人与自然的关系，建立起环境保护的意识，从而激发起你对大自然、对人类本身的进一步关心。

◎ 漫话宇宙 ◎

在不同的历史时期，人类对宇宙的认识是不同的。无论人类对宇宙作出怎样的解释，宇宙的物质性和时空的无限性，以及宇宙的运动特性都是客观存在的，一切变化都在这样的前提下发生……

"宇宙"的模样

宇宙本来的意思是指空间和时间，《文子·自然》说："往古来今谓之宙，四方上下谓之宇。"通常认为，宇宙是无限的，空间无边无际，时间无始无终。而天文学上的宇宙是指人们直接和间接观测到的大尺度时空范围和物质世界。为区别于哲学上的宇宙概念，人们把观测所及的宇宙叫做"我们的宇宙"。

在不同的历史时期，人们对"我们的宇宙"的认识是不同的。我国周代曾有关于宇宙结构的"盖天说"，它认为，天圆如张盖，地方如棋局，大地静止不动，日月星辰在半圆形的天穹上随天旋转。战国时代，又出现了关于宇宙结构的"浑天说"，它认为，天是圆的，像一个蛋壳；地也是圆的，像蛋黄那样浮于蛋壳中，日月星辰附在天球上，随天旋转。在外国，对宇宙结构也有各式各样的说法。古印度人认为，大地是被几头象驮着的，而大象则站在巨大的海龟身上，海龟浮在海洋上。古代巴比伦人认为，大地犹如拱起的龟背，天空乃是半球形的穹庐。古希腊有人认为地球是一个浮在水面的扁盘；也有人认为地球是一个球，居于世界的中央，如古希腊天文学家扎勒密，提出地心体系观点，认为地球处于宇宙中心不动，日、月、行星和恒星在一些大小不同的同心圆上绕地球运转。16世纪，波兰天文学家哥白尼提出了太阳中心说，认为太阳在宇宙的中心，地球和其他行星绕太阳运转。

随着科学的进步，人们发现太阳只不过是一颗普通的恒星，千亿颗恒星组成了银河，叫银河系；以后人们又知道像银河系那样的星系也有千千万万个，它们组成了总星系。观测还告诉我们，总星系中物质分布不是杂乱无章的，而是有一定的结构；物质的运动不是紊乱无序的，而是表现出一定的规律性。研究这么大时空范围内物质的结构、运动和演化的学科就是宇宙学。

关于"我们的宇宙"究竟是怎样诞生的，目前为大多数科学家接受的是大爆炸宇宙学，它认为："我们的宇宙"起源于一个温度极高、体积极小的原始火球。

在距今约200亿年前，由于我们目前还不知道的物理原因，这个火球发生大爆炸，"我们的宇宙"在大爆炸中诞生。

随着空间膨胀，温度降低，物质密度也逐渐减小，原先存在的质子、中子等基本粒子结合成氘、氦、锂等元素；以后又逐渐形成气体云、恒星、星系、星系团等其他在今天的天文学上可观测的结构。目前"我们的宇宙"仍在膨胀，虽然它的膨胀速度已经减慢了。这个由弗里德曼、伽莫夫等人创立的宇宙学说同一些观测事实符合得较好。例如，观测发现，几乎所有星系在彼此远离，这好像一个不断膨胀的气球，它表面上的各点在彼此分离；又如大爆炸宇宙学预言现今宇宙只有2.7K（开尔文，为热力学温标或称绝对温标）的温度，1965年两名美国科学家发现了这种温度只有2.7K的宇宙微波背景辐射。

正由于上述事实及其他一些理由，大爆炸宇宙学目前在宇宙学中占统治地位。但大爆炸宇宙学也有解决不了的困难问题，如所谓的奇点困难，即物质密度无限大的问题。

除大爆炸宇宙学提出宇宙有演化的膨胀模型外，英国天文学家邦迪、霍伊尔和戈尔德提出一种稳恒态宇宙模型，认为宇宙的性质在大尺度范围内是稳恒不变的。在大尺度空间，物质是均匀的、各向同性的；在时间上，宇宙各局部是变化的，但在大尺度上处于稳定状态。

根据这个模型，宇宙膨胀过程中，物质不断从虚无中产生出来，以维持总的物质密度不变，这在理论上与通常的守恒律相违背。

法国天文学家沃库勒等人提出了一种等级宇宙模型，认为宇宙在结构上是分层次的，如恒星是一个层次，大量恒星集合组成了星系，若干星系结合在一起组成星系团，许多星系团又组成超星系团等。这种观点和目前观测是相符的。但这种模型认为，在更大尺度的空间范围，这种聚集成团现象还是存在的，不同意前两种宇宙模型中的宇宙学原理，即在大尺度范围物质分布是均匀的，各向同性的。由于这种宇宙模型没有精确的数字表达式，也没有作出什么确切的理论预言，故在学术界影响不大。

关于"我们的宇宙"还有好多种模型，但从目前看，大爆炸宇宙学能说明较多的观测事实，然而，由于它还存在着难以解决的问题，所以谁也不敢说宇宙就是这样的。

银河系只是无数星系之一

仰望太阳和星星，有如顺着时间隧道往回瞻望，因为我们现在在地球上看到的星体绝非它们的现在，而是早已离开各种星体的光。

光的传播速度为每秒299274千米。以此速度，光从太阳到达地球需要8分钟。同样的道理，我们现在所见到的距地球所处的太阳系最近的星体普罗思玛，即南天星座，也不是它现在的模样，而是4.25年前的南天星座。

用大倍数的天文望远镜观看百万年前的宇宙是完全可能的。把望远镜与灵敏度很高的摄像机连接起来，甚至可以看得更远更远——直到亿万年前。

随着人的知识不断提高和越来越多的先进技术设备的应用，当我们面对这无穷尽的空间背景进行实际的观测后，我们比以往更加明白，地球只是一个小点而已。

在围绕太阳的轨道运行的九个行星系中，有些有卫星，有些则没有。地球与太阳的距离在九个行星中排行第三。然而，太阳系在令人难以想象的庞大螺旋体中只是一个微小的颗粒，这个螺旋体就是众所周知的银河系，它的跨度为100000光年。

然而，银河系也只不过是无数星系中的一个。宇宙是如此之广大，简直无法想象。

测量星球距离

地球和宇宙中最接近它的星体间的距离，最早采用视差三角法测量。这包括以6个月为间隔时间，从地球观测一个星体所形成的三角形，实际上利用绕太阳而旋转的地球年度轨道的直径作为三角形的基线。假如一个三角形的基线和它的端点的角度是已知的，那么三角形的其他尺寸就可以计算出来了。

在17世纪和18世纪，天文学家们曾经试图用视差法来计算星际间的距离，但没有成功。直到1838年，三位天文学家才分别在几个月的时间内成功地、各自独立地创造出测量星际间距离的视差计算法。

德国柯尼希山天文台台长弗里德里克·贝塞尔测量过61西格尼与地球间的距离，离地球接近11光年。苏格兰人、格林威治天文台台长托马斯·亨德森宣布，半人马星座α星距地球4.3光年。而在俄国卓别特工作的F. G. W. 施特鲁夫则算出了织女星距地球的数值，现在已知其距离为27光年。

后来，又计算了其他星星的视差，但是其距离都超过100到150光年，三角学法都舍去一个增大的误差量——因为三角顶点的角度很微小。

然而，星间距离也可以用其他方法来测量，大多数的方法是利用星星的光亮度来进行的。肉眼所能看到的所有星星似乎都是白色的或接近于这个颜色，但情况并非完全如此。

例如，在御夫星座中，卡佩拉星是黄色的；在猎户星座中，皮特勒格思星是淡红色的，而里格尔星是浅蓝色的。

对宇宙中任何远距离星体的频谱分析，都会展现出它的化学元素和星体上正在起反应的温度，以及星体正在运行的速度。以这些线索，天文学家们就能获得星体理想的真实亮度，并且借其相互关系，可以获得在地球上所看到的它的表现的亮度，从而对星体的距离做出准确的判断。

物体辐射的波长因为波源和观测者的相对运动而产生变化，是奥地利物理学家克里斯琴·多普勒于1842年提出的理论。为纪念多普勒这一理论被称为多普勒效应——可以用一列正要到达的火车的汽笛声的音高相对变化做最好的表示。当一列火车愈来愈接近时，汽笛声的音高提升，直到火车通过为止。然而当火车离去时，音高便降低了。

后来，两位19世纪的天文学家——英格兰的威廉·哈金斯爵士和德国的赫尔曼·沃格尔分别应用了多普勒原理。

当加上光波时，多普勒效应显示出颜色加深，在频谱图的红色端，光波波长较长，在紫色端，光波波长较短，所以可以用来自天体的光的红色度来表示它正在向远离地球的方向运动。这种现象称为红色变换。相反地，当光的运动朝着观察者的方向接近时，频谱图中的光波波长就向紫色端接近，而紫色端光波变得更强而且频率更高。

已经以这种方法测量了许多星体的被称为视向的速度。譬如，天狼星正以每秒8千米的速度向我们太阳系接近，而牵牛星则以每秒26千米的速度接近，另一方面，奥尔德巴拉恩星，即金牛宫星座中之一等橙黄色星，正以每秒55千米的速度远离而去，而卡佩拉星则以每秒29千米的速度离去。

当然，对于星体和银河系的紫色和红色变换可能还有其他一些解释，但是现代绝大多数天文学家都接受这种多普勒效应原理。

1924年，美国加利福尼亚州芒特·威尔逊天文台的埃德温·哈布尔博士应用高级且适用的仪器进一步弄清楚了这种红色变换。他发现整个银河系正以惊人的速度向远离地球的方向运行。

哈布尔的结论是：整个宇宙正在膨胀，宇宙中的每样东西都在进一步拉开其间隔。而且当银河系进一步运行，而且进一步远离地球时，我们从天体中获得的光辐射将愈来愈弱。哈布尔说，这就是为什么星光在照射我们夜晚的天空时显得太微弱的原因。

星球的"无线电广播"

从宇宙空间来的无线电信号虽然微弱，却以1.33730113秒的精确周期进行着无线电"广播"。领导剑桥大学一群天文学家的安东尼·休伊什教授于1967年第一次听到这种信号，他说："这种信号与无线电广播时间的信号一样，是有规律地被送入空间的。"

研究生乔西林·贝尔在操作一种专门用以记录微弱信号的无线电望远镜时，也偶然发现过这种信号。

尽管训练和业务都很谨慎，天文学家们还是很难抑制他们的激动心情：会不会是遥远的宇宙中存在着我们尚不知道的文明世界，在试图与地球取得联系呢？他们反复不断地对准空中的同一位置所发来的信号，证明它是来自太阳系外部空间的。

当这些信号连续数个月没有变化时，他们认为很显然他们已经发现了一种新的星球，这种星球能发送规则而自然的无线电"喀啦"声。

从那时起，许许多多现在叫作脉冲星的这种星球都已经用无线电望远镜探测出来了，但直到现在为止，只有一颗被跟踪捕获，成为可见星球。在亚利桑那州斯图尔德的天文学家们于1969年发现了它，它的无线电信号终于适时地发现微弱的闪光。它离巨蟹座星约4000光年。

早期的理论认为，脉冲星应该是一种快速振动的白色矮子星球，是一种耗尽能量并破裂的太阳。但是，尽管它们很小，小到像白色矮子星，仍能认定其振动速度还足够发射出信号。

射电天文学家们估计，如果脉冲星和我们的太阳一样大，其直径达1392380千米，那么从较远端来的无线电信号比从较近端来的到达我们地球的时间肯定会更长。

结果将是一种连续的无线电"隆隆"声，而不是一种有规律的周期性信号。由于脉冲是清晰和准确的，并常常超过每秒30周频率，专家们认为，脉冲星必须足够小，并且它们的原子组成已经压缩到使得它们有极大的密度。

现在认为，脉冲星是巨大星球的残余物，这种星球在他们自身重力的压迫作用下，已经破裂和内爆裂——即猛烈的内部破裂。它们异常密实，按地球上的标准，脉冲星物质的每一立方厘米重达0.60亿吨。

脉冲星发出信号的速率决定于它在空间的旋转速度。脉冲星有很强的磁场，而且其磁极与其旋转极点是一致的，当星体自转整整一圈时，地球就持续不断得到"发射的无线电信号"，就像行驶在海上的船只连续不断地得到灯塔的循环性的无线电信号一样。

但是，大多数脉冲星的信号缓慢得几乎察觉不到，科学家们总是认为，它们将变得不可跟踪，最后在空间消失。

"红向漂移"和"蓝向漂移"

在空中的所有物体中，最大的谜或许是类星体，它们直到1963年才被辨认出来，但也还没有弄清楚其真相。它们是最明亮的并且是人类所知道的最远的物体。但我们还不能完全肯定在分析证据上没有某些重大的错误，意外对于天文学家们来说如家常便饭。但类星体的发现是科学家们完全意想不到的，让他们感到万分惊奇。银河有1000亿之众的星球，它们之中很多比太阳更明亮。然而，一个类星球亮度是整个银河系亮度的200倍。

第一个类星体是由荷兰天文学家马滕·施密特在加利福尼亚州的帕洛马山天文台用望远镜探测到的。在已制的图中所表示的天空中的一点上，他观察到一个光点，但它不是星球。这个物体是如此遥远，它与地球的距离估计有10亿光年（一光年是在一年中光波传播的距离，大约为96540亿千米）。

此外，这个物体在色谱上显示出科学家们所称的"红向漂移"，这是有特殊意义的，因为这意味着，它将通过空间离地球飞驶而去。

当一列火车向车站驶近时，火车的汽笛声变响，音调变尖，而当火车驶离车站，汽笛声变弱，音调降低。这种现象被称为多普勒效应，它以观察和发现这种效应的奥地利科学家多普勒命名。同样的效应在星球上也能观察到，只不过这种效应在星球的条件下表现为光而不是声罢了。

如果通过光谱来控制从天体来的光，并将其分解成色谱，那么就能发现许多有关星球的信息。如果星球向地球方向移动，那么光的波长将变得较短，即为"蓝向漂移"。如果星球远离地球，那么光的波长将变得较长，即为"红向漂移"。这种现象，正如音调之降低告知听者，火车已经通过一样。

马滕·施密特的类星体光谱有一个最明显的红向移动，所以这个物体不仅比迄今已观察到的任何东西都有着不可比拟的巨大亮度，而且是人类在天上所看见过的最远的星体，同时，它还以极快的速度向更远的外部空间疾驰而去。

新近发现的星体被命名为类星射电源，简称为类星体。自1963年以来，已经发现大约2000个类星体。它们中的大多数都是在四五十个天文学家为一个团体的共同努力下发现的。

1982年3月25日晚上，由四名澳大利亚人组成的小组又发现一个类星体，它距地球超过100亿光年，并且以每秒290000千米的速度运行。

某些科学家们认为，类星体是由于大量星球快速连续地爆炸而形成的。

对于天文学家来说，星球爆炸绝不是什么新鲜事儿。在银河系中，像这种形式的爆炸大约一个世纪发生一次，结果形成超新星，即爆炸的星球。这种星球的亮度较普通星球要大许多。

这种学说认为，类星体可以是超星体的一连串反作用，正像在一个燃烧着的仓库里的大炮炮弹一样，一个星球的爆炸会引起另一个星球爆炸。

但这毕竟不是唯一的理论。有些科学家甚至这样认为，类星体释放大量能量是由于物质和反物质相互碰撞引起的。所谓反物质，是由与一般物质相互补充或匹配的物质组成的，就如负质子并不是质子一样。

但是，如果我们假设红向移动是由于类星体猛烈碰撞进入外部空间边缘所产生的真正多普勒效应，那么我们面临的问题是，空间是无边的还是有边的？这两个概念中的任何一种对于人们来说都很难理解。我们所能够想象的是，我们的宇宙既没有边界，也不是永远不变的。

一个类星体离我们越远，其运行速度似乎越快。如果连续加速，那么类星体的运行速度最后将比光速还要快。

在这种情况下，它的光和无线电波将永远不会到达我们这里，并且它将超越可观察的宇宙边界，所包含的距离将比10亿光年还要大。

或许，宇宙中所有的物质都是在一次特殊的运行中（"大脉动"理论）创造出来的，并且由这种运动诱发出的膨胀——我们在类星体上目击

青少年自然科普丛书

宇宙探索

到这种膨胀——将无限地继续下去。因此，到所有的银河系和星体毁灭之时，宇宙的将来就有了极限。

另外一种可限的理论是宇宙循环的概念，按照这种理论，类星体向外飞驶将达到一个限度，然后颠倒过来，在很远的将来（或许是从现在起的600亿年），星球将再一次凝聚成一个点。

在这种情况下，宇宙将再生，并且一个新的膨胀又将开始。

宇宙在旋转

宇宙间的物体很少有不旋转的，自转着的地球和所有它的自转着的姊妹行星都绕着自转着的太阳运行，而太阳又和数千亿颗自转着的恒星一道绕着银核旋转，组成我们的银河系。

银河系的旋涡结构与奶油倒进一杯咖啡里形成的旋涡花样很相似。奶油的分子是由电子、质子和中子这样一些不停顿地旋转着的粒子组成的。而目前已知的宇宙中最小的和最大的物体，夸克和超星系团，也都在一刻不停地转动着。宇宙在旋转吗？

设想在一正方形的四角各有一个星系，若忽略星系间的引力相互作用，则它们将随着宇宙的膨胀而相互退行。

在单纯膨胀的宇宙模式中，这个正方形仅仅是随着时间变大而已。在较为复杂的情形下，正方形切变为增大的平行四边形。但若宇宙在旋转，则星系将沿着螺线形轨道相互退行。1982年，法国天文学家保罗·伯奇在研究130多个河外双射电源的观测数据时，发现这些所在空间磁场矢量的方位角与各相应射电源延线（主轴）的方位角之差，在一半天空为正值，而在另一半天空为负值。伯奇认为这是由于这些天体相对于星系际介质作旋转，而旋转轴与宇宙旋转的轴相重合的结果。他还计算出，宇宙旋转的角速度大约为每年2×10^{-8}角秒！

目前，宇宙学家和粒子物理学家公认的暴胀宇宙模型能够解释宇宙学中长期存在的一些谜：如在大尺度上宇宙是均匀的和各向同性的，宇宙的密度接近于使其停止膨胀所需的临界密度，等等。

1983年，欧洲核子研究中心的伊里斯和奥立夫从理论上探讨了在早期宇宙中宇宙旋转对暴胀模型的影响。从观测到的2.7K微波背景辐射的均匀性（温度起伏在万分之一）可计算得：今天，宇宙作为一整体，其旋转速度不能大于每年4×10^{-11}角秒，比上述伯奇的计算结果小3个数量级。至于宇宙为什么转得这样慢，伊里斯和奥立夫认为这是宇宙暴胀的自然后果：即使极早期宇宙旋转得很快，经过暴胀阶段它便急剧地减慢。因为，在暴胀阶段宇宙的体积急剧增大而其角动量却保持不变，犹如冰上舞蹈家张开双臂时其旋转速度自然减慢的情形一样。

与此同时，英国剑桥天文研究所的费乃伊和韦伯斯特对伯奇处理观测数据的统计分析方法进行了检验。他们发现，伯奇所取射电源样本的延线取向和其在天空的位置之间的扭转和意义上没有不对称的明证。他们还认为，伯奇发现的不对称性，可能是由于在对视线方向星际介质的影响做校正时的系统误差所致。

但剑桥大学的统计学家肯德尔和杨对新获得的一些河外射电源和观测数据用他们自己发展的统计分析方法处理，所得结果却表明宇宙旋转现象是存在的。

1984年，加拿大多伦多大学的宓坦霍尔茨及克隆贝尔格对277个河外射电源的数据，用适当的统计方法重复伯奇的分析，未获得大尺度各向异性或宇宙旋转的明证。同年，美国苏塞克斯大学的巴罗、索鲁达和波兰天文学家居斯凯维茨利用对2.7K微波背景辐射均匀性的最新测定值，从理论上探讨了对宇宙旋转角速度的限值。立即排除了伯奇效应的任何宇宙旋转的解释，对于其他宇宙模型，限值更为严峻。

由此可见，宇宙是否在旋转涉及观测精度、处理数据所用的统计分析方法及宇宙模型等一系列问题，短期内还下不了结论。

宇宙也有生老病死

在明亮的天狼星近旁，有一微弱光点，这就是小犬星，一个比天狼星小得多的星体。虽然小犬星比较小，但其中物质的密度却大得惊人，仅一只火柴盒大小的物质，就重达50吨！

第一位用望远镜测定小犬星或者天狼星B准确位置的是美国天文学家阿尔万·克拉克，其时为1862年，尽管早在30年前，普鲁士天文学家弗里德里克·威廉·贝塞尔已经注意到天狼星轨道的偏移，并且相信附近还有另外一个星体。

这两个星体绕着同一的重力中心旋转一次，要花50年时间。小犬星的质量和太阳一样大，足以使天狼星在其轨道上颤动。小犬星的直径仅38600千米，同直径为1392380千米的太阳相比是很小的，也就是说，质量与太阳相同的小犬星却被挤到仅为太阳体积1/27000的小星球中。

天文学家们认为，这些密度特殊的星球已处于最后的演变阶段并接近于死亡。

星球当氢供给不足时，更多的核子开始反应，随着星球膨胀，其中心部变得更热更密实，而表面却变得更加冷。这个阶段被称为红色巨星阶段。

当核子的全部储藏量被耗尽，而星体又已足够大时，它就会爆炸成超新星。较小的星体在重力的作用下破灭，并因此变成白色矮子星。

所以，白色矮子星是一种快灭亡的星球，它无法再加热，没有前途，濒临灭亡。

以前人们包括科学家都以为宇宙是无限的，在时间上是无始无终的，在空间上则是无穷无尽的，因而是不生不灭的。现在人们从观测中得知：宇宙正在膨胀中，速度又在减慢下来，于是一个全新的宇宙学说出现了，这一学说认为，150多亿年以前宇宙在超空间中的一个小点上爆炸，经过膨胀到再收缩，最后崩溃死亡，大约要经过800亿年，目前大约只过了160亿年。

在以后的600亿年中，宇宙间的一切正在向中心一点靠拢，走向末日。当时空间都到了尽头，我们的宇宙便会"消失"。

正如超级巨星在热核燃烧净尽，引力崩溃，所有物质瞬间向中心收缩，形成了看不见的黑洞，这便是宇宙他日死亡的模型。

宇宙的噪音星

　　美国天文学家在宇宙中发现了第一个"噪音星"（射电噪音源）。它无规律地发射X-射线，被取名为SCOX-1；科学家通常将不规律的信号称为噪音，"噪音星"是一种不能发射稳定的射线流的天体，也不像X-射线源那样发射均衡间隔的脉冲。报道说，新发现的SCOX-1，位于天蝎星座之中，距离地球1万万亿千米。美国洛斯阿拉莫斯国家实验室的天文学家在一个特定无线电频率中"收听"时，听到了它的"噪音"。

　　普通的X-射线源是很少的，在包括千亿颗星的星系中仅存在几百个，"噪音星"就更少了。普通的X-射线源是两颗星的轨道相互环绕的结果。质量较大的一颗星因重力作用会吸引另一星的气体。当气体冲击较重的星体时会释放出能量，有的能量释放表现为发出X-射线。SCOX-1"噪音星"发出的能量相当于在接受星体表面每25平方毫米爆炸1000颗氢弹。

牛郎织女可以"鹊桥相会"

　　天文观测表明，牛郎星与织女星都是像太阳一样炽热发光的恒星。牛郎星，又名汉鼓二，俗称牵牛，表面温度约7000℃，距离我们地球16.3光年。而织女星则包括织女1、2、3三颗星，通常所说的"织女星"是指织女1星。她距离我们地球更遥远，有26.4光年，表面温度高达8900℃，牛郎星与织女星相距16光年，牛郎和织女"鹊桥相会"是一件多么难的事。

　　但是，日本天文学家却郑重地宣称，这不是想象，早在5000年前，这两颗星确确实实是"相会"在一起的！据测算，现在的牛郎织女星，二者并非同时处在正南位置，误差为1小时14分，可是根据岁差运动计算，在2000年前误差43分，5000年前几乎无差异。就是说，5000年前人们看到的"牛郎"和"织女"同在正南方向的一条直线上"比翼双飞"！

最遥远的类星体

1989年11月，美国天文学家施米特宣布发现了一个新的类星射电源。这个类星射电源位于大熊星座，据估计距离地球140亿光年，是目前发现的宇宙中最遥远的天体。这意味着，虽然这个类星射电源早就烧尽了，但人们见到的还是它在140亿年前的情况。

它被定名为PC1158-4635，比以前发现的一个类星射电源年龄略大些。如果能了解这个类星射电源的形状，就可以了解有关在宇宙初期第一批星系形成的情况。科学家认为类星射电源是由于星系中心物质坍缩成黑洞而发的光。新发现的这个类星体发的光减弱到原来的四十万分之一。

这一发现将类星射电源时代的起始时间往前推进了至少140亿年。由于星系对类星射电源是必不可少的，这就表明，在大爆炸后10亿年多一点，就有星系了。

宇宙未来的命运

　　一处的恒星死亡了，另一处又诞生新的恒星；一个星球上的文明毁灭了，另一个星球上又演化出新的生命和文明来……年年如此岁岁一样，就无所谓未来的命运。

　　对一个逐渐演化的宇宙，就存在它向什么方向演化的问题，我们这里只是在大爆炸宇宙学框架中进行预测。根据现在的观测资料和现有的物理理论，推测我们这个不断减速膨胀的宇宙今后会发生些什么事，宇宙的结局怎样？仍是人们想要解开的谜。

　　宇宙膨胀速度在减小的原因是很清楚的：宇宙中物质之间有引力相互作用，这个引力使星系彼此分离的速度减小了。问题是，这个引力最终能否拉住彼此离散的物质，使宇宙停止膨胀，并再次把星系汇拢起来？还是只能减慢各星系分离的速度，却永远也中止不了这个膨胀的趋势？看来关键是宇宙中物质的总量，如果宇宙中物质足够多，引力就足够强，那么总有一天，宇宙就会停止膨胀；如果宇宙中物质总量不够多，引力就不够大，那么宇宙就永远也不会停止膨胀。

　　由于宇宙中的物质不都是发光的，所以有许多物质我们看不到，这就影响了我们测定目前宇宙中物质密度的准确性。例如，星系中除了发光的恒星外，还有发光很弱的天体，如白矮星、黑矮星等，还有大量的星际尘埃，以及不发光的天体黑洞。星系之间也存在大量看不见的物质。目前观测到的物质密度是宇宙临界密度的5%，如果把上述看不见的物质也算进去，那么宇宙中实际物质密度离临界密度相去就不远了。

　　近年来，在寻找宇宙中看不见物质中又有许多新的进展，已知许多天体上所进行的核反应过程中要释放中微子这种基本粒子。以前一直认为中微子和光子一样，没有静止质量，即没有静止的中微子（犹如没有静止的光子），但近来有些科学家测得中微子也有静止质量，虽然这个质量很小，只有质子质量的几千万分之一，可是宇宙中中微子的总数估计至少是质子、中子等重子数的几亿倍。

另外，理论预测，宇宙中还存在引力微子、光微子、轴子等多种基本粒子，它们质量小，数量却很大，如果把这些粒子的质量也算进去，宇宙中物质密度就远远超过临界密度，那么"我们的宇宙"也许就总有一天会停止膨胀，并在引力作用下收缩起来。我们这个膨胀宇宙就变成了坍缩宇宙，所有在膨胀宇宙中出现的事件将逆序重新出现，直到有一天，宇宙中所有物质在强大的引力作用下又聚集在一个极小极小的范围内，这就是"我们的宇宙"一个可能的结局。

等到再来一次大爆炸，诞生了下一代宇宙，一切又重新开始。从"我们的宇宙"看是有生有死，而从上一代宇宙向下一代宇宙过渡看，整个宇宙系列是不中断的，既无起点，又无终点，在时间上是无限的，但这样的宇宙在空间上却是有限的，它是脉动形式：由小变大，又由大变小，无限循环。

当然以上所说的中微子质量，以及理论预言的光微子、引力微子、轴子等的存在都尚未得到最后的证实，从目前看，宇宙物质密度比临界密度小，故宇宙似乎应该永远膨胀下去。

宇宙究竟会一直膨胀下去还是总有一天会收缩起来，犹未可知；而假如宇宙一直膨胀下去将会出现些什么情况，那更是谜中之谜了。

预测未来决不能胡编乱猜和信口开河，而是要根据已知的观测结果，按现有的物理理论进行合理的演绎、推理。

对一个永远膨胀下去的宇宙来说，不仅空间将是无限的，其未来的时间也是无限的，对喜欢无限时空的我们，这确是一个令人振奋的好消息。不过对其中的生命来说，这可不太妙了，生命在不断膨胀的宇宙的某一阶段生存、繁衍，过了一定时间以后生命赖以生存的条件逐渐消失殆尽，生命也终将走完自己的路。这可从下面的叙述中看出来。

"我们的宇宙"已有约200亿岁的高寿，即它已走过约200亿年的路，而它未来的路可更长呢！再过50亿年左右，我们的太阳将进入晚期，这时，太阳上目前进行的由氢聚变成氦的热核反应将由于氢燃料面临枯竭而停止，太阳的外壳将急剧膨胀，结果会把水星、金星都包括进去，受它的烘烤，地球上海洋将沸腾以至蒸发光，所有地表上的物质将付之一炬，生命也将灭绝，只有那些早已飞往其他星球的人才得以幸免。地球的末日来临了。随着太阳上的核反应一个接一个进行，核燃料最终被烧光，太阳就将成为一个逐渐冷却的不再收缩的矮个子——白矮星。太阳作为恒星的寿命算是走到了头。

质量比太阳小的恒星，它的压力小、温度低，核反应进行得慢，其寿命就比太阳长，大约有几万亿（10^{12}）年。

在宇宙的目前阶段，由于氢含量很小，所以有的恒星死亡了，有的地方却在诞生新的恒星。随着氢元素的减少，组成新恒星的材料不够用了，于是恒星总数是死亡的多，诞生的少。在宇宙年龄为几百万亿（10^{14}）年时，宇宙中所有恒星都将进入晚期，靠自身的余热在苟延残喘了。那时，靠恒星提供热和光的生命将在严酷的寒冷中搏斗。

在宇宙年龄为十亿亿年（10^{17}）时，由于恒星的相互碰撞，所有的行星都将被撞出恒星的引力范围，在冰冷的宇宙空间游荡。行星的温度将降到摄氏零下270多度，除了极少数高级生物，能在死亡恒星附近造一些人造天体，靠恒星余热生存下去，绝大部分生命将会灭绝。

如果恒星相互碰撞得很厉害，其中一颗恒星会被撞出星系，而另一颗恒星则落到星系中心的陷阱中去。在百亿亿（10^{18}）年以后，星系中大约90%的物质被撞出星系，只剩下10%的物质落进星系核，组成一个大黑洞。

质子的寿命约10^{30-62}年，在大约10^{32}年以后，宇宙中所有质子都要衰变完，这时宇宙中只有光子、中微子、电子、正电子和大量的黑洞，其他物质都不存在了，生命也包括在内。

在宇宙年龄为10^{32}年以后，宇宙将继续膨胀，物质密度将越来越稀薄，而宇宙中的黑洞，将不断蒸发，小质量的蒸发快，大质量的蒸发慢，一直到10^{100}年时，所有的黑洞也将蒸发光。于是宇宙中只有那几种粒子组成的稀薄气体，而且还越来越稀薄，这种过程将一直维持下去，宇宙成了"白茫茫一片太空真干净"。

对于宇宙的这种结局，我们丝毫不必悲观，因为，这毕竟只是宇宙一种可能的结局，是否果真如此，谁也说不准。何况这只是"我们的宇宙"的一种可能的结局，在"我们的宇宙"之外还有没有其他宇宙，其他宇宙命运如何，我们也不得而知。

宇宙与人类的微型"年历"

现在公认宇宙的年龄为150亿-200亿年左右。我们打一个比方，把宇宙的整个历史压缩到一年之中。那么，对自然界演化的过程，或许会得到一个较为清晰的印象：

1月1日大爆炸，宇宙开始。

5月1日银河系诞生。

9月9日太阳系产生。

9月14日地球形成。

9月24日地球上出现原始生命。

11月12日出现绿色植物。

12月26日哺乳动物出现。

12月31日上午10:30′原始人出现。11：46′北京猿人使用火。11：56′最近一次大冰川开始。11：59′20″原始农业开始。11：59′56″中国春秋战国，古罗马帝国。11:59′58″玛雅文化，中国宋代。11：59′59″欧洲文艺复兴，新大陆发现。12:00现代社会。

◎ 宇宙之谜 ◎

宇宙的广袤和无限，人类的渺小和短暂，造成了人类对宇宙认识上许许多多的盲区——这就是宇宙之谜。

宇宙既然造化了它的精灵——人类，人类就要解开这些不解之谜……

宇宙到底有多大?

没有人知道宇宙有多大，因为人的头脑根本无法想象出宇宙大到什么程度。

如果我们从地球出发，来看看四周，便可明白究竟。地球是太阳系中的一个，而且只不过是很小的一部分。太阳系中包括太阳、环绕太阳运行的地球和其他行星以及许多小行星和流星。

而我们这整个太阳系又仅是大"银河系"的一小部分。在银河系具有千千万万的恒星，其中有些这种恒星比我们的太阳大得多，同时这些恒星也都自成一个"太阳系"。

因此我们夜晚在"银河"中看到的那些数不尽的星星，每个这种星星都是一个"太阳"，这些星星离我们很远，远得不能用千米而必须用光年计算。光的速度每年为9654000000000千米。我们能看到最亮的也就是离地球最近的一颗是"人马星"，但你可知道它离我们多远吗？40000000000000千米！

现在我们还只是谈到我们所处的银河系呢，这条银河的直径据估计大约为10万光年左右，厚度约1万光年，太阳绕银河系中心旋转一圈约需两亿年。我们的银河系却又是一个更大体系的一小部分。

在我们的银河系以外还有千千万万个河外星系。而这千千万万个河外星系的整体，又可能只是另一个更大体系的一部分罢了！

现在，你可以明白我们无法想象出宇宙有多大的原因了罢。另外，据科学家说，宇宙的范围还在继续不断地膨大呢！也就是说，每隔几十亿年两个星系之间的距离就增加一倍。

宇宙到底有多大还是一个未知数。

"天外有天"是什么？

经常听到人们提出这样的问题："宇宙有边界吗？如果有的话，边界以外又是什么呢？"要回答这一问题，首先要知道，这里所说的"宇宙"是指人类观测所及的宇宙即"我们的宇宙"或总星系。这个总星系的边界达到何处？核心又在哪里？迄今还未能探明。我们只能说，在目前天文望远镜所观测到的接近200亿光年的空间范围内，有着大约几十亿个星系。

为了使读者对目前观测到的宇宙形象有一个粗略的概念，我们设想观测到的宇宙是一个半径为1千米的大球，拥有3000亿颗恒星的银河系位于球心，则其大小和形状将有如一粒钮扣。银河系的孪生姐妹仙女星系M31将距我们13厘米。3米以外则是拥有200多个星系，体积如足球大小的室女星系团的中心，该星系团是一大群星系的松散集合体，本星系群也在其中属。20米处是含有几千个星系的集团，后发星系团。更远处还存在着更大的星系团。

如天空最强射电星系之一的天鹅座A，距模型中心45米处；1979年4月发现的第一个引力透镜类星体Q0957+561远处于600米之遥。距地球200亿光年的类星体，则几乎达到了可见宇宙的"边缘"——在模型中心的1千米处。

以上有关"我们的宇宙"大小的介绍是建立在目前为大多数天文学家所承认的大爆炸宇宙学模型基础上的。

与膨胀宇宙模型对立的观点也很多，如有一些学者提出光子老化假说，认为从河外星系或类星体发射来的光子，经过漫长的岁月到达地球过程中，沿途损失掉一些能量，因此我们接收到的是频率较低、波长较长的老化了的光子，于是我们测得的红移值并不能推算出河外星系或类星体的真实距离。如果这个观点能被更多的物理实验和天文观测事实所证实，则宇宙的大小就不是200亿光年了。

  按照近年来出现的暴胀宇宙模型，"我们的宇宙"仅仅是许多个宇宙中的一个。在"我们的宇宙"的边界之外，还有很多远在人们视野之外的其他暴胀着的宇宙。

  由此可见，现在要讲清楚宇宙空间究竟有多大，确实是一个很难回答的问题。揭出谜底还要付出几代、几十代人艰辛的劳动。

宇宙有200亿岁吗?

宇宙的起源,它有多大年龄?自古以来一直是许多哲学家和自然科学工作者们感兴趣的问题。我国古代就有盘古开天辟地的神话传说,有"以十二万九千六百年为宇宙之终始"的说法。

在西方,1658年,英国圣公会的厄谢尔就已"算出"创世的时间是公元前4004年。1755年,德国哲学家康德认为地球的年龄为几百万年。

现在,我们根据放射性元素衰变的规律,地质学家和地球化学家们都可以从岩石里铀和铅的含量比重直接计算出岩石的年龄为40亿年。行星地球以目前固态形式存在的年龄大约是47亿年。由同位素的含量定出的太阳系的年龄的上限为54±4亿年。球状星团中恒星的低金属含量表明,它们全都属于从原星系凝聚出来的第一代恒星,因而它们属于银河系中的最古老天体。利用球状星团的赫罗图,我们可以推算出星团和银河系的年龄为80亿年到180亿年,这标志着宇宙年龄的下限。

那么宇宙的年龄究竟是多大呢?按照目前公认的标准——热大爆炸宇宙模型,现代宇宙学中所述的宇宙的年龄就基本以这一原初大爆炸的时刻为起算点。

1929年,先驱哈勃首先发现河外星系的退行速度与距离成正比规律,并测出其比值为500千米/(秒·百万秒差距)。国际天文界公认此比值为哈勃常数。1974年以来,桑德奇和塔曼两人经过多年的辛勤工作,用7种距离指标的方法共同修订哈勃常数,得出的哈勃常数值为50千米/(秒·百万秒差距),它们只及哈勃当年测定值的十分之一。按照标准大爆炸理论,如果物质是均匀膨胀的,而它们彼此间又没有引力等相互作用的话,则哈勃常数的倒数就直接给出宇宙的年龄,根据估算,约200亿岁。

宇宙的年龄究竟是不是200亿岁,至今还是个谜。首先,宇宙中的物质不可能没有相互作用，宇宙膨胀不可能是均匀的，因此，我们得到的只能是宇宙年龄的上限；其次，哈勃常数的数值测定与许多因素有关。1975年以来，许多天文学家用不同方法测得的哈勃常数值都在50与100千米／（秒·百万秒差距）之间。

　　1986年国际天文学联合会宣布宇宙年龄为140亿－200亿年。至于宇宙有200亿岁的说法，目前仍无法确定，还是一个谜。

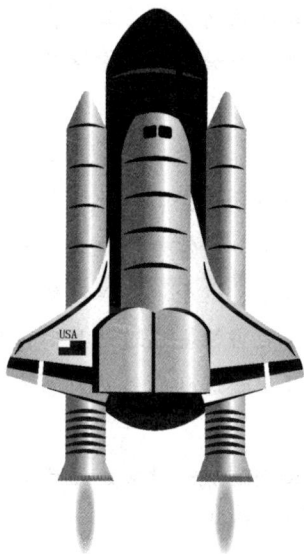

旋涡星系之谜

旋涡星系都有几条美丽动人的长臂——旋臂，旋臂上拥挤着密集的星星和气体尘埃。然而，旋臂的存在却令人费解。一般说来，在引力作用下，星系应该是一个扁圆盘，不可能形成旋涡结构。即使暂时出现旋臂，在星系自转过程中，由于靠里面的恒星转动得快，外边的转得慢，星系形成不久旋臂就会缠紧。可是从银河系诞生到现在，太阳已经围绕银河中心旋转了20多圈，却没有发现旋臂缠紧。这究竟是怎么回事呢？密度波理论能较好地回答这个问题。

密度波是一种形象的比喻。假设有一段马路正在翻修，路面上只留了一条窄小的通道，那么这个地方就会显得非常拥挤，尽管汽车还是一辆辆地过去了，如果从天空中鸟瞰，好像看到这里一天到晚挤满了车辆。在星系中，旋臂就好像翻修的路段，这个地方恒星比较多，引力强，所以不仅吸引了大量的气体尘埃，而且当恒星通过这里时，都减慢了速度，使这里显得拥挤，远远看去就呈现出旋涡状的结构。事实上，旋臂中的恒星是不断地运动、更替的。

密度波只是告诉我们旋涡到底是什么，至于为什么偏偏会形成这样的密度分布，还是一个没有解开的谜。

像银河系这样的旋涡星系和许多巨大的椭圆星系的核心部分，是十分动荡不安的区域。室女座α是一个巨椭圆星系，从它的中心核的照片上看到，有一个发亮的长条从核心部分延伸出去，与红色的中心核相比，显得很蓝，在它的两端还有两个小亮点。大量的观测事实证明，这些东西是从星系核中心喷射出来的强大气流，它的速度大约每秒2500千米，长度约5000光年。这是星系核剧烈爆发的一个壮景，这种爆发的能量为超新星爆发能量的1000万倍以上。

塞佛特星系是星系核活动异常的星系，它的核心经常发生猛烈的爆发。如N_GC_415星系的核特别明亮，从这个地方每年约有相当于100个太阳的物质抛射出来，总能量相当于1000亿个太阳发射的光芒。

现在发现一些强烈的射电源也是发生过爆发的星系。天文学家认为，天鹅座α两侧的两个发射电波的"眼珠"是其中心部分大爆发的产物；半人马座α的正中央有一条又暗又宽的带子横贯而过，里面是流动的气体，许多恒星正从这些气体中诞生。按理说，椭圆星系内部不存在气体，这里的气体是多次爆发的产物。这从它的四个射电"眼珠"的活动中得到证实。

大量事实表明，星系中心核的爆发绝不是特殊现象。事实上，许多星系核都有程度不等的爆发。银河系虽然现在很平静，但在1000万年前中心部分也发生过不很强烈的爆发。遗憾的是，到目前为止，星系核爆发的原因还是一个谜。有些科学家猜测，这种强烈的爆发和大质量的黑洞有关。

星系演化之谜

按照哈勃的分类，星系可分为椭圆星系、透镜状星系、旋涡星系和棒旋星系，以及不规则星系。

星系形形色色千姿百态。它们是怎样演化的呢？

起初人们把哈勃序列看成是演化的序列。这里有两类截然相反的观点。持金斯引力不稳定学说的一些人认为，星系演化应从椭圆星系开始，由于自转而变扁，然后在扁平部分形成旋臂，形成旋涡星系。旋臂逐渐展开以致最后消失，演变为不规则星系。另一种看法恰好相反。以魏扎克湍流说为基础，认为星系演化从不规则气云开始，后来发展出旋涡结构，成为旋涡星系，最后演变成球状星系。即从不规则形状开始，经自转获得轴对称，再演化为球状系统。曾有人试图从观测角度研究旋臂究竟是从闭到开还是相反，没有得到确定的结论。

后来，桑德奇等人指出，椭圆星系和旋涡星系中都有年龄较大的老星，因而它们年龄差不多，而且两类系统扁度相差很大，不可能相互转化。桑德奇等人认为哈勃序列不是演化序列，它们今天的形态与形成星系时原始气云所处初始条件有关，例如物质分布、角动量分布、温度、湍流、磁场等。按这类观点，星系演化的大致图像是：在密度或速度弥散度大的气云中，恒星形成速率从一开始就很高，气体很快几乎全部用完，于是形成球状的椭圆星系。而那些密度或速度弥散度较小的气云，其较密部分，恒星形成率较高，形成星系的核心成份，而其他部分密度较低，恒星形成慢，未形成恒星的气体逐渐沉向由角动量规定的星系盘面，形成今天所见的盘状星系，盘内气体仍在缓慢地形成恒星。这样解释了形状较扁、气体较多、恒星形成仍在继续的旋涡星系。透镜状星系呈盘状，气体少，无旋臂，它可能是恒星形成已经完成、气体很少的盘状星系，而不规则星系的气体则极大部分尚未演变成恒星。在密集的星系团内观测到以椭圆星系和旋涡星系为主，而在松散的星系群或星系团中则旋涡星系或不规则星系占优势，这似乎也是对初始条件影响星系演化图像这种观点的支持。

长久以来一直认为星系一旦形成，便孤立地演化，它们被称为"宇宙岛"。但近十多年来的研究发现，恰恰相反。星系与其他星系（伴星系等）或星系际介质的相互作用对它的演化有重大影响。由于星系多体问题计算机模拟的成功，许多外貌十分奇特的星系均可简单地理解成两星系猛烈碰撞，或潮汐力破坏的结果。两星系密近相遇被发现可导致完全合并。托姆勒研究表明，两个等质量的旋涡星系相遇后合并，就会形成椭圆星系、星系风、星系团气体，星系际气体或小质量的气体丰富的"矮系"向主星系的下落等都可改变星系的气体含量，进而影响星系的演化。星系演化的图像因这些相互作用而显得更为复杂。"遗传"与"环境"如何影响星系的演化和形态仍有待深入的研究。

星系演化研究虽已有几十年历史，并已有一些进展。但迄今仍可说几乎仅仅是开始。许多基本问题还依然是个谜。例如，我们并不清楚星系形成前，宇宙到底是什么样子，暗物质在宇宙中的普遍存在对星系演化到底有什么样的影响，这几乎还没有被考虑过。椭圆星系自转的发现，使人们对其基本形状，以及由此而来对其模型产生怀疑。旋涡星系旋臂结构的起源和维持问题也未解决，类星体和星系的演化有什么关系，等等。这些都是揭开星系演化之谜必须解决的一个个重大而又基本的问题。但我们相信，经过一代又一代人们的坚持不懈的探索，星系演化之谜一定能解开。

类星体能量之谜

类星体是一种奇异的天体。它的样子很像恒星，但却有又宽又强的射线，还有巨大的红移，因此又不像恒星。这使天文学和物理学家困惑不解。于是，把它取名为"类星体"。这种类星体现已发现2000个以上。

类星体是因巨大的光谱红移现象被天文学家发现的。什么叫光谱的红移呢？我们知道，不同颜色的光的波长是不同的，其中红光的波长最长，紫光的波长最短。当光谱线向长波方向移动时，称为红移，向短波方向移动时叫紫移。当一个发光天体在朝向我们的方向运动时，它发出的光的波长，我们看起来就会变短，即出现紫移；当天体背离我们而去（退行）时，它发出的光的波长，我们看起来就会变长，即出现红移。天文学家发现所有的天体都有红移现象，这说明所有的星系都在远离我们而去。

一般天体的红移量都不大，而类星体却不同，它在飞快地脱离群体，远逃而去。据天文学家推算，类星体逃离我们的速度，有的是光速的百分之几，有的甚至高达光速的90%。更令人惊讶的是，尽管它的直径仅1光年左右，可是释放的能量却相当于2×10^{13}个太阳的能量。类星体是目前观察到的所有星体中光度最大的星体。

为什么这么小的天体有这样巨大的能量？能量的来源又是什么？现在人们认识到的所有能源，包括原子能，都不能产生这么大的能量。它的红移量为什么那么大？它真的离我们那么遥远吗？所有这些问题至今仍然是一个谜，有待于我们进一步探索。

褐矮星是怎样的天体?

褐矮星是一种行星般大小的气体球，由于引力收缩而产生的热，使它发出朦胧的光。但它的质量太小，还不足以燃起热核的火焰；而这种火焰，是衡量一颗真正的恒星标准。被命名为LHS2924的褐矮星，可能是迄今为止探测到的最冷、最暗的天体。

1983年从成千上万颗具有较大自行的低光度的白矮星和红矮星中，搜索到了这颗特殊的矮星。从最初的光谱和光度分析中得知，该星是一颗很红的恒星，它的表面有效温度仅约1950K，比以前所知的任何一颗红矮星都要冷得多。一般认为晚型M型矮星，是一种已将自身氢燃料非常缓慢地消耗殆尽的小质量恒星。但LHS2924光谱中的某些原子和分子吸收线与低光度红矮星不同，于是有人认为：要么该星可能是一颗特殊冷的M型矮星，正在接近它一生中氢燃烧阶段的结束时期；要么它是一颗质量小于恒星质量的年轻黑矮星，永远也达不到激发热核反应所需要的温度。

我们知道，要使现今膨胀的宇宙发生逆向变化所需要的临界物质密度，比已知的发光天体的总质量还大得多。因此，宇宙是否将永远膨胀下去的问题，可转化对宇宙中分布着多少以不发光或极暗弱的形式存在的物质的估计。如果褐矮星很多，这将说明处于行星和恒星间的任何大小的质量都可形成天体。如果它们的数量极少，则将意味着还有一种未知的机理，使质量界于行星和恒星之间的天体不能形成。但是宇宙中没有质量比行星大而又比恒星小的天体，这是很难令人信服的。

迄今为止，搜索褐矮星的方法，主要是对恒星的自行进行长期的、仔细的测量和研究。如果存在一颗质量像褐矮星的伴星，则可从星的自行中反映出来，然后再从红外波段中去探测。然而从国际红外天文卫星所提供的第一部红外天文星表中，却没有找到这种褐矮星。现在有些人正在等待红外天文卫星第二批资料的发表，希望能从即将发表的资料中，找到这种天体。如果再找不到的话，则说明褐矮星既不多而质量又很小，对宇宙物质密度贡献不大。褐矮星究竟是怎样的天体，还是一个未解开的谜。

"黑洞"之谜

据天文学家观测，宇宙中有一个奇怪的天体，它的引力极强，连速度最快的光也休想从它那里逃脱，所以人们看不见它，称它为黑洞。

黑洞并不是实实在在的星球，而是一个几乎空空如也的天区。黑洞又是宇宙中物质密度最高的地方，地球如果变成黑洞，只有一颗黄豆那么大。原来，黑洞中的物质不是平均分布在这个天区的，而是集中在天区的中心。这些物质具有极强的引力，任何物体只能在这个中心外围游弋。一旦不慎越过边界，就会被强大的引力拽向中心，最终化为粉末，落到黑洞中心。因此，黑洞是一个名副其实的太空魔王。

黑洞内部所以有这么强大的引力，这和它的形成有关。一颗质量超过太阳20倍以上的恒星，经过超新星爆发后，剩余部分的质量一般仍要超过太阳质量的2倍以上。这部分物质自身引力非常强大，从而发生急剧坍缩。尽管在坍缩过程中内部也会产生一些抵抗坍缩的压力，但在如此强大的引力面前，无异于螳臂挡车，随着坍缩的加剧，分子、原子乃至原子核都会被挤破，最终形成极高密度的引力中心。

黑洞既然看不见、摸不着，天文学家又是怎样发现和观察它的呢？这主要是通过黑洞区强大的X射线源进行探索的。黑洞本身虽然不能发出任何光线，但它对于周围物体、天体的巨大引力依然存在。当周围物质被它强大的引力所吸引而逐渐向黑洞坠落时，就会发射出强大的X射线，形成天空中的X射线源。通过对X射线源的搜索观测，人们就可找到黑洞的踪迹。

巨大黑洞的起源之谜直到今天仍包裹在重重迷雾之中。黑洞是如何越变越大的，巨大黑洞与星系的诞生和演化又具有怎样的关系，需要解释的疑问还很多。

"白洞"之谜

自从发现了宇宙间许多高能现象，其产能率远大于热核反应，于是有人就想起了广义相对论所预言的一类天体——白洞。

白洞仅仅是理论预言的天体，还没有任何证据表明白洞的存在。

和黑洞恰好相反，白洞是这样的天体，其内部超高密度的物质可以流出它的边界，但外界的物质却不能通过其边界流入白洞。也就是说，白洞可以向外界提供物质和能量，却不吸收外部的任何物质和辐射。如此看来，白洞倒堪称是"太空中最慷慨的天体"。

白洞是通过什么途径形成的呢？一种意见认为，白洞可能直接由黑洞转变过来，白洞中的超高密度物质是由引力坍缩形成黑洞时获得的。和其他事物一样，黑洞也有两个方面。一方面，传统的黑洞理论认为，没有任何力量能与黑洞的巨大引力相抗衡，因此对黑洞而言，只有绝对的吸引，而不存在与之对立的排斥行为。另一方面，黑洞会以类似"热辐射"的方式稳定地向外发射粒子，这就是所谓的"自发蒸发"。

20世纪70年代初，物理学家霍金提出了黑洞的量子理论。现代物理学家认为，任何产生强作用力的物体周围都环绕着"虚粒子"。这些虚粒子与真实粒子的不同之处，仅仅在于虚粒子皆在极其短暂的时间内产生而又消失。物体之间的相互作用，实际上是伴随着它们的"虚粒子云"之间的相互作用。这种虚粒子有可能通过量子力学中所说的"隧道（效应）"穿出黑洞的视界，而使黑洞丧失掉一点儿质量。这便是黑洞"热发射"的本质。所以，考虑到量子理论，黑洞就不再是绝对"黑"的了。

霍金还建立了黑洞的热力学。他阐明了黑洞具有一定的温度，其数值与黑洞的质量成反比。大质量黑洞温度很低，"自发蒸发"（即"热发射"）很弱，确实类似于平缓的"蒸发"；小质量黑洞的温度很高，发射很强，类似于剧烈的爆发。"自发蒸发"使黑洞的质量减小，从而使黑洞的温度升高，这反过来又促使"自发蒸发"进一步加剧。这样继续下去，黑洞的蒸发便会越演越烈，最后它将以一种"反坍缩"式的猛烈爆发而告终。这就像是不断向外喷射物质的白洞了。

另一种观点认为，当宇宙初由极高密度，极高温度开始爆炸时，由于爆发的不均匀性，有些超高密度物质并没有立刻膨胀，而是等待一段时间后才爆炸，成为新的局部膨胀的核心，也即白洞。有些核心的爆炸时间已延迟了约百亿年，这种爆发就使我们观测到今天的高能天体现象。这种白洞形成理论又叫"延迟核"理论，是由前苏联学者诺维柯夫提出的。

白洞的"延迟核"理论是比较流行的。但它也有不少困惑，例如，考虑到延迟核附近强引力场的量子效应，白洞不可能存在很长时间，也即延迟核不会在宇宙大爆炸后百亿年才爆炸。

白洞究竟是否真的存在，是尚未揭晓的天体之谜，而白洞是怎样形成的，更是谜中之谜了。

星系互相吞食之谜

宇宙浩瀚，蕴藏着不知多少物质。这些物质的质量只能以天文数字来表示。即使这些物质都集中在星系中，宇宙中星系的数密度也是非常低的，平均来说，星系与星系之间的距离远达百万光年以上，在这样的情况下，两个星系相互碰撞的机会是微乎其微的，更不要说星系之间的互相吞食了。

但是现有的星系形成理论中就有一种理论认为，椭圆星系是由两个旋涡扁平星系互相碰撞、混合、吞食而成的。天文观测告诉我们，旋涡扁平星系盘内的恒星年龄都比较轻，而椭圆星系内的恒星年龄都比较老。对这一观测事实，有人从气体转化成恒星过程中气体团收缩的时间先后来解释。这种解释有着一定的道理，但也有一定的漏洞。另一种是星系吞食理论，即先形成旋涡扁平星系，所以这些星系中的恒星比较年轻。两个扁平星系相遇、混合后再形成椭圆星系，那当然在椭圆星系内恒星的年龄要比扁平星系中的来得老。还有人用计算机模拟方法来验证。结果表明，在一定的情况下，两个扁平星系经过混合的确能发展成一个椭圆星系。

在观测上，有些现象用两个星系的碰撞来解释比较合理。例如，有一类称为环状星系的恒星系统。这类星系从外形来看，恒星分布在一环状圈内，有时环的中心没有任何天体，有时环的中心有天体，有时环上还有结点。这种环状星系的形成机制只能借助于两个星系的碰撞来解释。这种碰撞有时就会发生吞噬现象以致出现环中心物或结点。美国著名天文学家阿勒·图姆勒最早用计算机来模拟这种星系的形成。

加拿大天文学家考门迪在观测中发现，某些比一般椭圆星系质量要大得多的巨椭圆星系的中心部分，其亮度分布异常，仿佛在中心部分另有一小核。他的解释就是由于一质量特别小的椭圆星系被巨椭圆星系吞噬的结果。

总之，虽然星系之间的相互碰撞、混合或吞食理论能解释一些观测事实，但星系在宇宙中分布的密度毕竟是非常低的，它们相互碰撞的机会是非常小的，要从观测上发现两个星系恰好处在碰撞与吞噬阶段是很困难的。所以，星系相互吞噬是否一定会发生还是一个谜，值得人们去深入探索。

SS$_{433}$同时反向运动之谜

1978年，天文学家发现了一个奇异的天体，叫做SS$_{433}$。它在牛郎星附近，是银河系的一员，离地球大约11000光年。其实，这个天体在50年前就被人们发现过，但当时人们只把它当作普通的恒星，没有引起重视。后来，它被编入由斯蒂芬森和桑杜列克两人合编的星表。因为他俩的姓的头一个字母都是S，这个天体在星表中排在第433号，所以称为SS$_{433}$。

SS$_{433}$所以成为一个谜，是因为人们发现，在它的光谱中有许多发生了很大红移和很大紫移的氢的谱线。一般讲，引起谱线移动的原因是天体运动。红移意味着天体离我们远去，紫移显示天体向我们飞来。

SS$_{433}$的光谱表明，天体中的一部分物质正以每秒3万千米的速度向我们飞来，而另一部分物质以每秒5万千米的速度离我们而去。同一个天体以两种相反方向运动，这是普通恒星不可能有的现象。因此，SS$_{433}$的出现，使科学家大惑不解。

人们还发现，1977年9月到11月这两个月里，SS$_{433}$的红移量和紫移量都越来越大，可是到了年底又逐渐减小。经过持续的观测，人们才明白它的红移和紫移都在发生周期性的变化。因为许多新的天文发现都是从某种天体的周期性特征开始的，所以人们预计，SS$_{433}$很可能藏有一些新的宇宙奥秘。

SS$_{433}$到底是什么，人们至今还只能猜测。有人说它不过是个黑洞；有人认为它是沿着两个相反方向喷射物质的天体。只要我们把对SS$_{433}$的研究持续开展下去，总有一天会揭开它的奥秘。

"反物质"之谜

我们知道，物质是由原子构成的，原子又可以分解成原子核和围绕原子核旋转的电子。原子核的内部还有质子和中子。在这些小粒子中，除中子不带电外，电子带有负电，质子带有正电，它们的质量及性质差别很大。20世纪初，一些科学家提出这样一个奇怪的想法：会不会有一些粒子，它们的质量及各种性质和质子或是电子完全相同，仅仅是电性相反，即电子带正电，质子带负电。由此人们进一步想到，既然质子、电子和中子能够组成原子，那么由反质子和正电子是不是也可以组成反原子呢？更进一步，由反原子是不是又可以构成反物质呢？

1928年，英国青年物理学家狄拉克从理论上首次论证了正电子的存在。这种正电子除了电性和电子相反外，一切性质都和电子相同。1932年，美国物理学家安德逊在实验室中发现了狄拉克所预言的正电子。1955年，美国物理学家西格雷等人又用人工的方法获得了反质子。此后人们逐渐认识到，不仅质子和电子，所有的微观粒子都有自己的反粒子。

这一系列科学成果使人们日渐接近反物质世界。然而问题并不那么简单。首先，在地球上是很难发现反物质的。因为粒子和反粒子碰到一起，就会像冰块遇上火球一样，或者一起消失，或者转变成其他粒子。所以在地球上，反物质一旦碰上到处存在的普通物质，就会立刻被兼并掉。有些科学家认为，在广漠无垠的宇宙空间，可能存在由反物质构成的天体，甚至很可能存在反物质世界。但是，哪些天体是反物质组成的，哪些天体是普通物质组成的？物质和反物质又怎样才能不互相兼并呢？这些问题至今无法断定。

1979年，美国科学家把一个有60层大楼那么高的巨大气球放到离地面35千米的高空，气球上载有一批十分灵敏的探测仪器，结果，它在高空猎取了28个反质子。这是在地球上的实验室以外第一次发现的反物质。除此之外，还在星际空间发现了反物质流。

　　宇宙中存在着反物质世界这种想法，深深地吸引着众多的天文学家，天文学领域中还因此诞生了一种新的宇宙学说——对称宇宙学。科学家预期，如果反物质世界真的存在的话，那么宇宙中的许多谜，诸如宇宙起源、类星体之谜，也就迎刃而解了。

星际尘埃"纤维素"之谜

晴夜，繁星点点，银河经天，自古以来引起多少人的遐想和诗意。近代天文学揭示出星星之间并非空无一物，不值一窥。比如，在恒星际物质中，尘埃微粒可算是最显眼的了。由于它本身不发光，当大批尘埃物质连同气体聚集在一块时，便会在恒星背景上呈现出各种形状的暗区域，称为暗星云。正因为如此，对这种暗星云就不可能进行直接的光学观测。那么，又怎样来确定这种星际尘埃，比如了解它的成份呢？原来这种暗物质虽然本身不发光，但被微粒吸收掉的辐射能却可以在红外区以热辐射的形式释放出来，从而给红外天文学以大显身手的机会。人们会由此入手来研究星际尘埃的物质成份。

辐射能量集中在红外波段的天体称为红外源。梅里尔等人对许多强红外源的详细分析表明，它们在8-12微米以及2.9-3.3微米的波段上出现有明显的吸收现象。前者是由硅酸盐粒造成的，后一种吸收则起因于冰水晶体。不过这两类粒子都不可能是引起红外辐射的原因，红外辐射主要是由碳粒子造成的。因此，在星际尘埃中看来至少应该有三种不同的粒子：碳，造成总的红外辐射；冰水，引起在2.9-3.3微米波段内对碳所发生辐射的吸收作用；硅酸盐粒子，引起在8-12微米波段内的吸收作用。

上述结论还从其他观测事实得到了证实。

星际尘埃对星光的减弱作用称为消光，不同波长辐射的消光量是不同的。反映波长与消光之间关系的星际消光曲线在很大程度上取决于星际尘埃的化学性质。实测表明，在一定波长范围内星光被消光部分的对数与光线波长成反比。另一个特征是星际尘埃对波长2200埃附近的紫外光有明显的消光作用。适当大小的硅酸盐粒子可以解释消光与光线波长成反比的规律，而直径小于500埃的碳粒子的存在则可以说明紫外波段2200埃附近的消但是，这两种粒子都只能说明上述的一种消光特征，而不能同时解释另一项特征。从这些结果看来，硅酸盐和碳都应该是星际尘埃的重要成份。

有人对上述星际物质由多种粒子构成的观点感到不能令人满意，英国天文学家霍伊尔等人最近提出了一种新的看法，目的是要对星际尘埃包括不同种粒子的观点加以简化，用单一的一种物质来说明对星际尘埃所观测到的发射和吸收特征。有趣的是他们找到了纤维素。纤维素是所有有机聚合物中最为普通的一种，是所有植物组织中的主要物质，其中以棉花中的纤维素以最纯的形式出现。霍伊尔等人发现纤维素的红外性质与由星际尘埃造成的宇宙红外源的一些性质符合得很好。不仅如此，单股纤维素是长条形的，有着棒状微粒的性质，而星光变红所展现的偏振现象正要求星际尘埃有这样的形状。另一方面，许多股纤维素可以牢牢地堆积在一起，于是其他物质很容易结合进纤维之间的空隙中去，而这种性质在天文学上颇为重要。为了织布、造纸和其他用途，地球上每年要采伐大量树木，收获几千万吨棉花，以取得其中的纤维素。现在却能在广袤的宇宙空间找到纤维素！难怪不少人对这一发现持怀疑态度。因为像纤维素一类复杂的有机分子能在星际物质这样的环境中大批生成实在是令人费解的。

一种观点认为星际物质是由不同种类的较简单粒子混杂而成，是一种"混合物"；另一种认为构成星际物质的是单一的一种结构较复杂的物质，是"化合物"。对此目前还不能作出明确判断，也许星际尘埃的问题比目前所考虑的更为复杂，这也正是人们重视这方面研究的重要原因。随着观测手段的多样化和观测资料的积累，不久的将来必然会得出更为明确的结论。

宇宙"生命分子"之谜

星际分子的发现，是20世纪60年代轰动天文学界的一件大事。长期以来，天文学家认为，在茫茫宇宙空间，除了恒星、恒星集团、行星、星云之类的天体物质，再没有什么别的物质了。直到20世纪初，人们还认为星际空间是一片真空。后来终于发现，在星际空间充满了各种微小的星际尘埃、稀薄的星际气体、各种宇宙射线以及粒子流。20世纪60年代在星际空间发现了大量有机分子云，云中含有各种复杂的有机分子。

1968年，天文学家大型射电望远镜，在银河中心区先后发现了氨（NH_3）和水（H_2O）的分子。它们的数量很多，在尘埃云的后面，形成体积巨大的"分子云"。不久，天文学家又发现了一种较复杂的有机分子——甲醛（CH_2O）。它的分布十分广泛，不仅在银河中心区域有，在猎户座大星云和其他区域也有。

此后，人们在宇宙太空中又陆续发现了更多的星际分子，其中有无机分子，也有有机分子。例如，羟基、一氧化碳、氰化氢、甲醇、乙醛、丙炔腈、甲胺，等等。迄今为止，已发现的星际分子有50多种。

星际分子的发现，在天文学研究上具有极为重要的意义。我们知道，构成生命的基础——蛋白质的主要成分是氨基酸分子。它是一种有机分子，尽管人们还没有在宇宙太空中直接观测到氨基酸分子，但是，科学家在地面实验室里用氢、水、氧、甲烷及甲醛等有机物，模拟太空的自然条件，已合成几种氨基酸。而合成氨基酸所用的原材料，在星际分子云中大量存在。

不难想象，宇宙空间也一定存在氨基酸的分子，只要有适当的环境，它们就有可能转变为蛋白质，进一步发展成为有机生命。据此推测，地球以外的其他星球存在生命物质，甚至可能是有高等智慧的生命物质。

使科学家感到困惑的是，有些星际分子竟是地球环境中找不到的，甚至在实验室中也无法得到。这些地球上尚不存在的星际分子，在太空中起什么作用，有些什么物理化学特性，这些问题都还是一个谜。

青少年自然科普丛书

qingshaonianzirankepucongshu

宇宙探索

"超光速" 运动之谜

自从1905年爱因斯坦提出狭义相对论以来，人们普遍认为没有任何速度能够超过光速，因为按照狭义相对论，当一个物体的运动速度等于光速时，其质量就会变为无穷大。但是1972-1974年美国一些天文学家，就首次发现塞佛特星系3C120自身膨胀的速度达到光速的4倍。1977年以前，又陆续发现星体3C273、3C345和3C279各自的两组成部分的分离速度分别达到光速的7倍、10倍和19倍。近年来，天文学家用分辨率极好的长基线射电干涉仪，又发现了10个类星体的两子源分离速度均达到光速的7或8倍。看来，河外射电源两组成部分分离的超光速膨胀现象并非是罕见的事例了。

怎样来解释这一违背狭义相对论的物理现象呢？这一矛盾仍然要用爱因斯坦学说来阐明：如果两子源以近乎光速的速度向着地球运动，则将产生时常感觉上的差异。因为发射较晚的光越过较短的距离，地面观测者看到运动所经历的时间要比两子源实际分离的时间为短。因此，从附着的两子源的参照系来看，它们向外的膨胀速度并未超过光速。但若两子源以垂直于视线的方向离开，则不会产生超光速错觉。这就是目前天文界公认的由英国剑桥大学天文学家兰登·贝尔提出来的模式。

为了使读者明了此模式，再以一架亚音速飞机从你头顶上斜插下来为例，说明此问题。在1000米高度上，飞机发动机发出一声特别的响声，当飞机下降到100米高度，又发出同样的一声响声，按照距离，1000米高度发出的响声分贝比100米高度发出的响声早几分之一秒传到你的耳朵里。在这种情况下，你要是想仅仅根据这两次响声来计算飞机的速度的话，你会得出飞机在几分之一秒内从1000米下降到100米的结论，这样一来，飞机的速度就大大超过音速了。

这种类似声波传播时间而引起的错觉，在光波和无线电波的频率范围内也同样存在。有人计算过：如果两个射电源的轨道轴与观测者视线之间形成的夹角为12°的话，那么，它们离开的实际速度会比视速度高出10倍。

对河外射电源超光速膨胀现象的解释除上述兰登·贝尔模式外，还可举出"传播条件发生变化论"和"花环模式"等，我国北京天文台的梁宝鎏和崔振兴提出了视超光速现象的相对论激波模型。但北京师范大学的曹盛林和中国科学技术大学研究生院的刘永镇、邓祖淦等三位同志则认为洛伦兹变换只能描述亚光速运动，狭义相对论不能否定超光速运动的可能存在。如果假定物质可以一种真实的大于真空中光的速度运动，则可以建立起一种新的理论。他们讨论了史瓦西场中的超光速运动，并以3C34、3C273和3C120为例，表明史瓦西场中的类空测地线，只要适当选择中心场的质量，即可与上述三个河外射电源的超光速膨胀的观测数据很好地符合。他们还计算出这些射电源的质量为太阳质量的$10^{12}-10^{13}$倍。

河外射电源超光速膨胀现象可能是宇宙中的正常事例，将会不断有新的发现。它将激发人们再次兴起对超光速现象的探讨并在地球上想方设法探测超光速子（快子）的存在。

◎ 小小太阳 ◎

在漫无边际的宇宙中，太阳只是一颗普通的恒星。

太阳之小是对太空之大而言，它的伟大之处就在于它拥有一颗更小的行星——地球，以及地球上更小更小的生命……

地球不是宇宙的中心

　　第一个假定地球不是宇宙的中心，而是与其他行星伙伴一起围绕太阳运行的，是希腊人阿里斯塔恰斯。他生活在公元前310年到前230年，他的理论是如此革命，以致被同时代的大部分哲学家视为荒谬而否定。

　　当然，自有人类历史以来，人们就不断地注视着天空。人类最早时对宇宙的解释是"上帝创造了世界万物"。此后，几千年来人类的认识逐步在神话和现实的对抗中徘徊。古人类遗留下来的那些不朽的建筑，诸如埃及的金字塔、英国南方索尔兹伯里平原上的史元前巨石柱，其动工时间及准确的定位方面都表明，最少在5000年以前，工程师们和牧师或僧侣们都已对天文做了精确的观察，并开始认识了世界的物质性。

　　但是，古代人虽然都非常准确地将天体的运动用图表表示出来，却没有能用理论对天体运行的规律做出解释。

　　他们简单地假设，地球是宇宙的核心，宇宙中的其他物体都是随着地球的节拍而跳动的。至于主旋律是什么，谁是作曲者，他们认为这是高深莫测、永远神秘的。

　　在估量地球与太阳和月亮的相对距离方面，阿里斯塔恰斯的方法基本上是可行的。但是，他的方法无法对此做出精确的计算，因为他计算的地球到太阳的距离仅为实际数值的1/19。他的计算基于希腊数学家毕达哥拉斯和他的追随者们所观察的结果。比阿里斯塔恰斯早200年前，毕达哥拉斯就宣称，地球是一个以其自己的轴旋转的球体。这个概念曾经遭受那些认为世界是扁平的同时代学者们的嘲弄。

　　由于无法证明自己的理论，阿里斯塔恰斯被忽视了，这一点也不奇怪。直到阿里斯塔恰斯死后400年，都没有人再提出有关宇宙的其他理论。400年以后，克罗狄斯·托勒密，才对此进行了完善总结和修正，使之与实际观测符合得更好。

他推论，地球是个超级天体，处在宇宙的中心，保持静止状态。太阳和月亮以圆的轨道绕着地球运行，和它们一起的还有其他五个可见行星：水星、金星、火星、木星和土星。这一符合宗教法规的见解立即获得官方的批准。

为了解释这个事实，即行星不是以绝对的圆运行，托勒密绘制了一个由比较小的单个圆或周转圆组成的笨重复杂的系统。他认为，这些行星必须按照它们所处的位置，在同一时间围绕地球的中心运行。

虽然托勒密的理论依赖于很多笨拙的解释，但是，这个理论自那以后的整整1400年间成为天文学界公认的、毋庸置疑的基础，一直到16世纪才被哥白尼的理论推翻。

尼古拉·哥白尼1473年出生于波兰，他是一个着迷于天文学的虔诚的牧师。在他已经40岁时，经过常年的天体研究之后，他确信：托勒密的理论是错误的。

他创造了一种全新的理论，在这一理论中，地球只不过是一个围绕太阳运行的行星。但是，尽管哥白尼已经否定了地球中心说的教条定理，但另一个基本的事实仍然使他困惑：行星是以椭圆的轨迹运行而不是圆的。

他面临的另外一个严重问题就是教会的准则。长期以来，"地心说"被教会奉为和《圣经》一样的经典，长期居于统治地位。宗教改良者马丁·路德也对哥白尼的新理论公开指责，说他是疯子，企图把天文学搞颠倒。

由于担心教会谴责，他迟迟没有公开发表自己的见解。直到1542年，在他生命垂危之际，才同意将他的主要著作《天体运行论》交付印行。并且在书的序中写明，将他的著作献给皇保罗三世。他认为，在这位比较开明的教皇的庇护下，《天体运行论》也许可以问世。

除了这篇序之外，《天体运行论》还有另一篇别人写的前言。前言中说，书中的理论不一定代表行星在空间的真正运动，不过是为编算星表、预推行星的位置而想出来的一种人为的设计。

《天体远行论》出版后很少引起人们的注意。一般人不能了解，而许多天文工作者则只把这本书当作编算行星星表的一种方法。《天体运行论》在出版后70年间未引起罗马教廷的注意。后因布鲁诺和伽利略公开宣传日心地动说，危及教会的思想统治，罗马教廷才开始对这些科学家加以迫害，并于公元1616年把《天体运行论》列为禁书。

观察天文的金字塔

大约5000年以前，埃及人就建造了至今仍然是世界上最大的钟。为计时而设计的这个钟，不仅可读出小时、日期、季节，甚至可进行世纪的记时。

奇奥普斯大金字塔建造于公元前27世纪，位于尼罗河岸边的吉萨，是金字塔群中最大的一个。这些金字塔是远古世界七个奇迹中完好地保存下来的唯一范例。金字塔或许是世界上最古老的天文观测台，并引起种种科学和神秘的推测。

1853年，法国物理学家琼·巴普蒂斯参观了吉萨，并认定金字塔是一种巨大的日晷仪。埃及人以如此规模、如此范围和如此精确的角度建造的这种金字塔，不仅能记录一天里的时间，同时还能表示一年里的精确的日期。

在连接北面和南面的地面上，建造了宽而水平的铺道，或称之为"投影地面"。在冬天，金字塔将其阴影投在靠北的铺道上，在夏天，其高度磨光的南面则把三角形的太阳光反射到靠南的铺道上。

金字塔所铺砌的石块都是按宽度分等级次序进行切割的，借这个等级次序，每日中午其阴影或反射都依次排列。这样，日期就可计测出来。

19世纪英国天文学家理查德·A.普罗克脱提出这样一个观点：大金字塔几乎是完美无缺的天文台。通向金字塔中心地窖的下行通道设置成26°17′的角度，并准确地对准中心，从而使金字塔与北极星对准。

建造金字塔时，埃及的北极星不是现在这一颗。几个世纪以来，在不完全为球形的地球上，太阳和月亮的重力拉力只使地球的轴线位置发生很微小的改变，这就意味着，几千年来北极星的位置没有大的变化。建造金字塔时，北极星是龙星座中的苏班，而今天的北极星是在小熊星座中的普拉雷斯。

但是，当地球运动时，大金字塔也随着它运动，并且自行与新的北极星对准。

普罗克脱还指出，金字塔宏大的中心走廊提供了一个标准的地台，古埃及的僧侣能够从这个地台观察和记录星星和行星的运动。

现在认识到，在大金字塔建造以后大约800年，即公元前1900年左右，就创建了这个石柱群的建筑——在英格兰怀特郡乡村的索尔兹伯里平原上的巨大的石柱。

直到最近，石柱群还一直被普遍地认为是督伊德教徒建造的一种崇敬太阳的庙宇和人祭的场所。但是，现代考古学家已经获得结论，神秘的建筑在时间上要早于督伊德教1000年以上，而且，事实上这种神秘的建筑是历300年、分几个阶段建成的。

环绕综合体的槽和两个边坡被认为是首先建造的——约公元前3000年的新石器时代，由到达不列颠的英国人建造出来的。

大约150年以后，一个高度发达的、石器时代后期——青铜时代的比克民族，搬运和竖立起大约82根、每根重达5吨的巨大原石青石柱，这些巨大石柱很可能是从南威尔士的蒲莱斯里高山上用雪橇滚子和驳船运来的。中间的5组马蹄形三石塔由砂岩石筑成。它们是在大约50年以后，很可能是在青铜时代，由威尔士人竖立起来的。

下一步是青石内圆圈和马蹄形的结构建筑，大约在公元前1600年完工。

1963年，美国天文学家杰拉尔德·霍金斯教授宣布，他终于解开了石柱群之谜。

石柱群可以解释为是一种史前的计算机，它的功能是，可以算出日出时间、日落时间，以及对月亮的运动、日食和月食进行精密复杂的计算。霍金斯详细地说明了石头结构经定位可作为计算机的原理，并获得了许多有关太阳和月亮如何定位的方法。

他认为，一年一次沿孔洞的外圆移动刻有标记的石头，僧侣或占星家就能够计算出庄稼种植的相应次数，以及预测天气的循环时间或实际预兆。

无线电天文望远镜

在查理二世的授意下，1675年，英国在格林威治创办了天文台，因为查理二世急于编纂一本新的星体一览表以供航海使用。由克里斯托弗·雷恩爵士设计建造的这一工程是个巨大的成功，遗憾的是，选择了雷·约翰·弗拉姆斯蒂德作为官方的天文学家。虽然约翰也是一个熟练的观测员和极端的慈善主义者，但是，其工作速度却慢得令人心烦。

约翰仅有一名助手，这名助手又是完全靠不住的，在工作了29年之后，他们二人仍然没有编完一览表。当弗拉姆斯蒂德1717年去世时，一览表仍然没有完成，而这时，当初的整个设计方案已不能用了，因为那时的航海技术已经日臻完善。

1781年，一位德国出生的年轻天文学业余爱好者威廉·赫谢尔有了一个最惊人的发现。在英国他的家里，应用自制的望远镜探测到空中一个小的红色盘状物，并写了一个报告给英国皇家协会，题名为《彗星的描述》。

专家们测算出盘状体的轨道后认定，赫谢尔的确发现了某些异乎寻常的东西，而且这个东西比彗星更奇特。

他发现了一个新的行星，这个行星是一个庞然大物，它绕太阳旋转一圈须84年，这个行星被命名为天王星。由于这一发现，赫谢尔获得了爵士地位。

1845年，世界上最大的望远镜由业余爱好者、天文学家罗斯伯爵三世在爱尔兰建成。

这个望远镜有一个直径1.83米的金属反光镜，悬挂在两道石头墙壁之间。正是这个望远镜使人们了解到，在我们所处的银河系之外，还有如罗斯伯爵所发现的其他星系。这些星系中首先被发现的，是在空间远处燃烧的加德琳火轮星系。

1931年，一位名叫央斯基的年轻无线电工程师使用自己安装的方向性很强的天线，在14.6米的波长上接收到大量的天电，而且每天早上都有准确地达到其峰值4分钟的稳定的杂音。这种现象正符合关于星体方面地球绕太阳旋转的周期——23小时56分钟，因此天文学家们称之为恒星日。

詹斯基正确地做出了结论，那就是，他接收到的信号来自银河系。

一位美国业余爱好者，天文学家格罗特•雷伯在伊利诺斯州他家的花园里装了一个直径为9.14米的可调盘状天线。

他接收无线电信号，并将信号放大和记录下来，创造出了第一个粗制的"天空无线电信号图"。

雷伯靠变换他的接收盘的角度将无线电信号聚焦，从各个角度对信号进行探测，从而准确地确定无线电信号源的形状和大小。雷伯的研究证明，某些信号源的形状与所用的探测方法有很大的关系，例如用无线电的方法与用普通光学望远镜的方法进行探测，其信号源的形状就迥然不同。

受雷伯研究影响的科学家中，最甚者为一位英国人，名字叫伯纳德•洛弗尔。他在英国柴郡野外建造了两座拖曳式雷达站，用以跟踪流星。洛弗尔装备逐步发展成为乔德雷尔•斑克的一个大的射电天文学观测站。该观测站包括一个巨型的碟状可调无线电天文望远镜，望远镜重3000吨，可作圆周旋转，进行360°的天电跟踪。

仍然没有足够强力的望远镜来详细地解释一些"螺旋形的星云"，甚至加利福尼亚州帕洛玛山天文台中直径5米的黑尔望远镜也一直未能做到。

后来，一个特大的反射望远镜坐落在俄国北部高加索的塞米罗德里基山，望远镜的动力来自一个独特的、直径为6米的反射镜，它集束的光亮度比帕洛玛山的那一架要大1.5倍。

世界上最大的可调盘式无线电望远镜在波多黎各的阿雷西沃天文台，它有一个巨大的、直径为305米的圆盘。最大的无线电望远镜整套设备是在新墨西哥接近于索科罗的VLA9，它有一个很大的矩阵天线，它有27个可移动的天线，每25米跨度设置一个天线。

太阳是一颗普通的恒星

在宇宙星球大小序列中，太阳是一个普普通通的星球，中等大小。然而，它的能量和强度几乎难以想象。它是一个不断增长的致密球体，比地球要大百万倍，并处于核裂变的持久状态。每一秒钟，在其核心附近有400万吨氢分子发生爆炸性破裂。在核心处的温度大约是华氏2500万度。这颗普通的恒星在一秒钟之内所辐射的能量远远超过人类自文明伊始至今所利用的能量的总和。地球上全部石油、煤和木材的储量假如全部燃烧，只不过是太阳在几天内输给地球的能量而已。

太阳表面喷吐的火舌相当于10亿个氢弹的威力。这些火舌是太阳核心巨大的热核爆炸的产物。太阳的核心处，每秒钟有56400万吨的氢熔解为氦。太阳核心处的物质其热无比，一丁点儿的这种物质所辐射出的热量就足以杀死160千米以外的人类。

因此，太阳就像是一个巨大而缓慢燃烧的氢弹。正是由于其巨大，才产生出如此巨大的能量。实际上，相对于体积而言，它所产生的热量只相当于人体产生热量的1/5。

有时，太阳的表面部分地被太阳黑子，即跨度达数千公里的黑斑所遮盖。这种现象大多是由磁干扰所引起的。但是，人类至今对这种现象并不十分了解。

日冕或叫日珥，是太阳外层的大气，成环形，厚度为160900千米。但是这些日冕的强度与太阳的耀斑爆发相比就显得是小巫见大巫了。

耀斑爆发能发出以光速传播的电磁波，这种电磁波大约8分钟就可到达地球。

有记录的所发生的最大的一次耀斑爆发是在1960年11月12日：一条宽1609万千米、长7400万千米的氢云同地球相撞，并引起一连串强烈的骚扰。

甚至在离两极2414千米处就能见到极光，闪光色带比通常的更为壮观。

两天之后，电传打印机发生了荒谬的文电，并且无线电通讯信号消失，晴空之中出现与雷暴时一样的闪闪电光。这当中的某些效应一直持续一星期多的时间。

对这些现象所做出的一种有力的解释是，太阳爆发以某种形式向外发射氢原子核和电子。这些氢原子核和电子以每秒644~965千米的传播速度，在耀斑爆发之后大约50小时到达地球的大气层，并产生骚扰。

普通之中的不普通

　　质量的大小是恒星最重要的一个物理量。由于质量的差异，恒星各方面的物理特性，甚至它们的内部结构和演化特征等也就都不相同。由此也就形成了各种各样的恒星。

　　根据一百多年来的观测研究，人们一般认为，在恒星世界中，除了大小和质量之外，无论就绝对亮度、密度、温度和光谱类型等各个方面来说，太阳都处于中等的地位。而且从太阳自身发展演化的过程来看，它也正处于一生中的中年时期（即所谓主星阶段）。因此，天文学家往往就把太阳当作为一颗恒星，并且是一颗典型的恒星来看待。人们往往会说，千千万万颗恒星乃是各式各样的"太阳"，而太阳则是一颗普普通通恒星。

　　但是，近年来随着天文观测和研究工作的日益深入，天文学家感到，情况并不是那样简单。太阳本身似乎还有着某些不同的特色。

　　有一类恒星，它们各方面的特征都与太阳十分相似，被称作为太阳型的恒星。天文学家们发现，一般的恒星，其亮度或多或少都会发生变化。对于太阳类型的恒星来说，亮度变化的周期应该是几个小时，变化的幅度则应有1%至2%。但是太阳的亮度变化却要小得多。1980年时，"太阳峰年研究"人造卫星在对太阳的亮度作了连续五个月的精确观测之后发现，其变化的幅度不大于0.15%，而变化的周期却长达几天。

　　太阳类型的恒星同太阳一样，在其大气层中都有一层称为色球层的特殊区域，而且色球层的活动性也同太阳一样有周期性的变化。对于典型的太阳型恒星，其色球层的活动周期为8—10年，但太阳色球层的活动周期却要比太阳恒星长，有11年。

　　美国得克萨斯州立大学的天文学家施密特对于太阳类型的恒星之自转速度曾作过仔细的研究。他发现一般的自转速度大致是5千米／秒。但是太阳表面的自转速度却只有2千米／秒。根据理论研究和实际观测的结果，恒星的活动性与自转速度有密切的关系。一般来说，自转的速度越快，活动性就越强，因此也许是由于太阳的自转速度特别小，它与同类型的恒星相比，也就显得格外地宁静。

此外，在太阳的周围还有着一个庞大的行星系统，并且其中的一颗行星（地球）上，还有着适合于生命繁育和人类文明发展的特殊条件。那么，这些特殊的条件是否又与太阳的某些特殊性质有关呢？一般认为，在银河系中的许多类似太阳恒星的周围，也有着各种各样的行星系统，而其中某些行星上也可能有生命的繁衍，甚至文明的进展。但也有人认为甚至在整个银河系中，至今还未能找到地球外生命存在的确切证据，因此也许只有在太阳系中才存在有高级生命和人类文明。这似乎又是与太阳本身具有某些得天独厚条件有关。

这就是说，太阳虽然是恒星世界中的一员，但是它却和太阳类型的恒星又有着某些重大的差异。而且也许还有些异常的特征我们迄今还未曾发现。但是不管怎样，随着天文学家积累的观测事实不断增多，太阳正逐渐被排除出太阳型恒星的行列。

那么，太阳究竟是一颗什么样的恒星？是一颗普通的恒星，还是特殊的恒星？这个问题激起了天文学家们浓厚的兴趣。但是要想解开这个疑谜，不仅需要继续探索太阳本身的奥秘，还必须去远征那浩瀚无际的恒星世界。我们相信，人类的认识能力是无限的，有朝一日总能找到这个答案。

太阳活动的周期变化

太阳表面经常会出现一些暗黑的斑点，这就是所谓太阳黑子。日面上的黑子时多时少，其变化具有一定的规律性，它是太阳活动性的基本标志。

从1712年到1987年的275年中，黑子相对数已经经历了25次周期性的变化，平均每个周期的持续时间正好是11年，这正是著名的太阳黑子活动周期。

但是，我们如果仔细分析一下又可以发现：每个黑子周期的持续时间和达到极大时的黑子数值都是不相同的，并且各个黑子周期的变化形状也不一样。因此，太阳的活动性虽然具有明显的周期性，但各个周期仅是相似，而非相同；而且事实上甚至还找不出两个完全相同的黑子活动周期。

除了这11年的周期之外，在20世纪上半叶，美国威尔逊天文台的天文学家海尔又发现太阳活动有着22年的变化周期，而德国的天文学家格莱斯堡等甚至还发现有80年左右周期。

那么，太阳活动的这些周期性变化是自古以来就存在的吗？

早在19世纪80年代，德国天文学家斯波勒就发现，在1645-1715年期间太阳黑子的观测资料甚少。1894年英国天文学家蒙德据此就提出了所谓太阳活动"延长极小期"的说法。认为在此期间太阳的黑子活动实际上已经停止。而在20世纪70年代，美国天文学家艾迪在对自公元前3000年以来的太阳活动状况作了大量分析研究以后，更认为在这5000年中，太阳的活动经历了12个极大期和极小期。

艾迪认为，"延长极小期"确实存在。他还进而提出了一个惊人的观点，认为太阳活动的11年周期性变化，仅仅是在蒙德极小期之后才出现的一种规律性，它"只是一种短暂的现象，而根本不是基本的规律"。

艾迪的这一看法当时就立即引起巨大的轰动和争议，于是世界各国的科学家纷纷起而撰文，发表自己的看法。

我国的太阳物理工作者在分析研究了我国史书上所记载的黑子记录之后，得出了与艾迪不同的结论。他们认为至少在近2000年以来，包括蒙德极小期在内，太阳活动的11年周期性，从未间断过。

列宁格勒约飞物理和技术研究所的科学家在1984年公布了在过去8000年内对树木年轮中放射性同位素14C含量的测定结果，他们认为蒙德极小期不仅1645-1715年间存在，而且在过去8000年内还有10次左右类似的太阳活动"延长极小期"。因而他们认为蒙德极小期是太阳的普遍现象，至少在最近8000年内是如此。所以关于太阳活动的周期性变化问题，特别是关于蒙德极小期的纷争，至今仍然是波澜未息，疑谜犹存。

100多年以来，关于太阳活动的周期规律问题，各国的科学家作了大量的研究工作。他们提出的周期长短也是纷繁不一，短的不到一年，长的竟达2000年。

总的说来，在最近的几千年中，太阳活动确是具有周期性的变化规律，但它又不是一种简单的周期性的重复，却是一种复杂的，有着多种周期叠加的变化，其间还附杂有种种随机性的起伏和扰动。在周期性规律的表面现象之后，蕴藏着种种出人意料的奇特变故。

然而，在几千年、几万年，甚至几千万、几十亿年之前，太阳的活动变化情况究竟如何？而在将来又会是怎样？又究竟是什么原因引起了这些奇妙莫测的变化？这些问题犹如一座奇幻无比的迷宫，正在吸引着全世界的科学家们去作永无止境的探索。

太阳系是怎样形成的？

　　自从1755年康德提出第一个太阳系起源的星云说以来，已有40多种学说问世，但没有一种学说是比较完整的和被普遍接受的，太阳系起源至今仍是争论不休的宇宙之谜。

　　太阳系是怎样起源的包含两个基本问题：太阳系中行星的物质从何而来和行星是怎样形成的。按行星物质的来源，可把各种学说分成三类：①灾变说或分出说，认为行星的物质是因某一偶然事件从太阳分出的；②俘获说，认为太阳从恒星际空间俘获物质，形成星云，后来演变成行星；③共同形成说，认为太阳系中所有天体是由同一原始星云形成的，星云中心部分的物质形成太阳，外围的物质形成行星等天体。对行星形成方式，大致有5种看法：①先形成环体，然后由环体形成行星；②先形成很大的原行星，再演化成行星；③先形成中介天体，由中介天体结合成行星；④先形成湍涡流的规则排列，在次级涡流中形成行星；⑤先凝成固体星子，再由星子集聚形成行星。

　　1644年法国的笛卡儿在《哲学原理》提出涡流假说，认为在太初混沌中，物质微粒进入涡流运动，在涡流中形成太阳、地球、行星和卫星。

　　1745年法国的布丰在《一般的和特殊的自然史》中提出灾变说，认为有颗彗星掠碰了固态太阳边缘，撞出的一部分物质形成了行星。这个学说否认上帝创世，有积极意义；但科学上有明显错误，彗星质量比较小，撞不出很多物质，太阳也不是固态的。

　　1755年德国的康德在《自然通史和天体论》中提出第一个星云说，认为太阳系由一个弥漫的固体微粒星云在万有引力作用下形成的。引力最强的中心部分吸引的物质最多，形成太阳；其他向中心下落的微粒因相互碰撞而变为绕太阳旋转，并又逐渐形成几个引力中心，集聚成行星。

　　1796年法国数学家拉普拉斯在《宇宙体系论》中提出另一种星云说，

认为太阳系是由一个转动的灼热气体星云形成的。由于冷却，星云逐渐收缩，转动加快，从而使星云成扁平的盘状。当离心力与引力相等时，部分物质留在原处，演化成环，各个环以后形成行星，中心形成太阳。

由于拉普拉斯在学术界的巨大威望，星云说在19世纪被人们普遍接受。但鉴于星云说不能说明太阳系角动量分布问题，在20世纪初各种突变说又盛行起来。

1900年美国的张伯伦与莫尔顿合作提出星子说，认为有一颗恒星运行到太阳附近，在太阳的正面和背面掀起两股巨大的潮。从太阳喷出的物质逐渐汇合成一个围绕太阳的气盘，以后凝聚成许多固体质点，并逐渐聚成行星和卫星。

1916年英国天文学家金斯提出潮汐说，认为有一颗恒星接近太阳，从太阳表面引出潮汐隆出物，这雪茄形长条逐渐脱离太阳并形成行星。

此后，杰弗里斯认为，恒星与太阳相撞，撞出物形成行星系；利特尔顿等人认为太阳是双星成员，受第三颗恒星作用，分出物质，形成行星系；霍伊尔认为太阳伴星作超新星爆发时，一部分物质被太阳俘获而形成行星系。这些学说均用偶然因素来假设太阳系的形成，由于从太阳拉出或被太阳俘获的灼热物质无法凝聚成绕太阳旋转的行星，故各种突变说的信徒逐渐减少，甚至提出突变说的某些天文学家也改弦更张了。

1944年，前苏联的施密特认为太阳通过暗星云时俘获物质，形成绕太阳旋转的星云盘，逐渐形成行星和卫星。同年德国的魏扎克认为，绕太阳旋转的气体尘埃盘中出现规则排列的旋涡，在次级旋涡中形成行星。1949年美国柯伊伯认为，星云盘因引力不稳定而瓦解为一些大的气体球——原行星，以后形成行星。近太阳的原行星中心凝成固体，外围气体被太阳蒸发掉，远离太阳的因温度低而保持较多气体。还有不少学说，有的根据不足，有的理论上有错误，未被广泛接受。

近年来，新星云说又流行起来，它的主要想法是，认为太阳系原始星云是巨大的星际云瓦解的一个小云，一开始就在自转，并在自身引力作用下收缩，中心部分形成太阳，外部演化成星云盘，星云盘以后形成行星。但新星云说中又有不同的学说。如美国的卡米隆认为星云盘质量较大，因不稳定而瓦解为大的原行星。

我国的戴文赛、前苏联的萨弗隆诺夫、日本的林忠四郎等认为星云盘较小，其中固态颗粒沉降并形成尘冰层，再瓦解为许多小团，各团收缩成星子，星子集聚成行星。

澳大利亚的普伦蒂斯提出新拉普拉斯学说，认为原始星云是冷的含尘云，他用超声湍动对流理论，论述太阳外环体的形成及如何演化为行星和卫星。

英国的乌尔卡逊认为一个冷的小原恒星走近太阳，太阳从中拉出物质俘获在自己周围，通过原行星方式演化为行星和卫星。

瑞典的阿尔文认为太阳有强磁场，向太阳降落的物质碰撞离解为离子，受磁场约束而形成电离云，再演化为星子喷流，最后集聚为行星和卫星。

新星云说既有许多观测资料，又有理论计算。但它们各学说之间又有许多差别，目前也没有完全统一起来。又由于目前人们只观测到一个行星系的样本——太阳系，而且还是它目前的现状，所以，太阳系究竟是怎样形成的，这个疑谜的谜底还远远没有揭开！

（胡中为）

"另一个太阳"之谜

太阳系中各大行星，都按照一定的规律，在一定的轨迹上运行，如果某一星体的运行轨迹突然发生了变化的话，那就表示它受到了一种外力的干扰，或受到另外一个星体的牵引。

最近，天文学家们又发现了另外一个天体异象，不但天王星的运行轨道不正常，连海王星的轨道，也呈现异常的"弯曲"。美国加州一位天文学家安德逊指出，这种奇异的现象，可能显示它们受到另外一个和太阳相似的巨大星体的牵引。换句话说，在太阳系的边缘之外，可能有一颗无光的"黑星"存在。

这颗"黑星"，和太阳相距数10亿千米，彼此间的引力，呈现均衡状态而互相吸引。安德逊称之为"影子太阳"。这个"影子太阳"，产生一种巨大的引力，使海王星及天王星在运行的某一阶段，突然加速，当接近"影子太阳"时，运行轨迹被它的吸力所改变。

安德逊所推测的"黑星"，可能是一颗"棕矮星"——一种重量很轻的星体，它可以燃烧发光，或者可能是一颗中子星——一个体积本来和太阳相似的星体，但因燃烧过久而逐渐萎缩，已经成为一堆残存的物体。

另外一批科学家，提出了近乎"第十颗行星"的说法。他们认为海王星及天王星轨道变异，是受到另外一颗在它们40亿-70亿千米外运行的星体的引力所造成。安德逊同意这种推论有可能成立，不过他指出，如果一颗行星能够牵动太阳系内其他星体，它的体积一定非常巨大，而最近观测到的可靠证据表明，另外一个新的太阳系正在诞生。

科学家们连续观测发现在金牛星座中有一颗新形成的恒星，其大小与太阳相似，围绕着这颗恒星，还测出有一固态物质云团正在绕着它旋转，云团的密度不匀，密度大处的质量与地球大体相当。科学家们认为这一情况与我们所在的太阳系冷凝形成时的情况一样，为解释我们地球和太阳系的形成发展提供了研究依据。

太阳在缩小吗？

　　1979年美国青年天文学家艾迪根据英国格林尼治天文台长达117年（1836-1953）的太阳观测记录，发现太阳每百年缩小2.25角秒。如果按照这种收缩率缩小下去，约10万年后，太阳就缩小到看不见了!万物生长靠太阳，太阳要是缩没了，这可是大事情，艾迪的惊人之说掀起轩然大波。

　　首先，艾迪的说法可靠吗？他还有两个旁证材料。一是美国海军天文台1846年以来的观测资料也显示太阳在收缩。二是有人算出1567年4月9日的日食本来应该是全食，可是实测却是环食。艾迪解释，这就是因为1567年的太阳比现在大一些，月亮不能全部遮掩，露出了太阳的边缘，才成为环食的。

　　可是，持相反意见的天文学家很多，他们有很多反驳的证据。

　　一个反证是：如果10万年后太阳就缩没了，那么10万年前的太阳该比现在大1倍。果真是这样的话，那时太阳的亮度和辐射都会大得多，可是地质、古生物和古气候资料中都找不到证据。

　　又一个反驳是300多年来水星凌日（即在地球上看到的水星缓慢地经过日面的现象）的观测记录的综合结果表明太阳的大小基本上没有变化。如果严格地说，倒是每百年太阳直径增大了0.05角秒，这真是与艾迪唱反调了。

　　科学家邓纳姆提出了一种巧妙的检验方法，他利用日全食时地面上全食带的宽度来推算太阳的角直径。他算出在1715年至1979年的264年间太阳角直径缩小了0.68角秒，也即每百年缩小0.26角秒，比艾迪得出的2.25角秒要小得多。

　　近年来对太阳是不是在缩小的研究又有新进展。例如，天文学家菲亚拉等人对1715年5月3日至1984年5月30日的8次日食观测资料的详细分析得出269年间太阳直径有时增大，有时缩小，其中最大的变化只有1.24角秒，总的说来是基本上没有明显变化。

更有趣的是，1982年美国科罗拉多高空观测研究和萨里空间科学实验站研究了最近265年水星绕太阳运动的历史记录，以及有关日食时间的50组数据后得出，太阳直径正在以76年周期涨缩，直径变化只有0.8角秒。而法国巴黎天文台太阳物理实验室的科学家最近系统地分析了更早的17世纪的天文资料后得出，1666年至1683年期间，太阳直径比现在大2.75角秒左右，后来才逐渐缩小的。这又是一种新论证。

由前面这些论证看来，还很难确定太阳是不是在缩小，如果真的在缩小，缩小的速率是多少？这些问题都有待于继续研究。

前苏联科学家发现，太阳的直径不断变化，每过160分钟增长10公里，然后再缩回原来的长度。

这一现象是谢韦尔内院士和其他一些前苏联天体物理学家，通过设在克里米亚的天文望远镜对太阳进行10年的连续观察后发现的。

专家们认为，这一发现有着很大的科学意义。由于这一发现，人们要重新评价天体力学的许多问题，特别像太阳这类星球的形成、演变，以及它们同其他天体相互作用的问题。专家们还认为，太阳周期性的脉动对地球有许多影响，首先是对整个动物界和植物界的影响。

太阳中微子失踪案

中微子是奥地利物理学家鲍利在1931年设想出来的一种小粒子。它具有许多奇妙的性质：不带电，显中性，质量很小，不跟周围物质发生作用，不愿显露自己，人们很难观测得到。顾名思义，"中微子"就是中性的小家伙的意思。

在恒星演化理论建立之后，天文学家想到，如果太阳内部真的像理论上所说的进行着热核反应的话，一定能产生大量的中微子。由于这些中微子不和其他物质发生作用，它们在宇宙中如入无人之境，自由地来到地球。所以，测量中微子可以检验恒星演化理论的正确性。

1968年，美国科学家戴维斯等做了一个捕捉太阳中微子的实验。他们在美国南达科达州一个深1500米的金矿里放了一个装有380立方米化学溶液的大钢箱。他们预计，当太阳中微子穿过钢箱时，会使箱中的溶液发生变化，测量溶液的变化情况就可以计算出中微子的数目。谁知，本来估计每天能捕捉到一个中微子，但结果五天也没有捉到一个。大量的太阳中微子失踪了！这就是著名的太阳中微子失踪案。

"案件"发生后，许多科学家都试图侦破此案。他们对一些理论进行了详细检查，发现这些理论确有可疑之处。

有人认为，目前对太阳结构的认识不是无懈可击的。人们对太阳结构的了解，主要是利用太阳外部大气的一些数据推导出来的，这里面可能存在着偏差。甚至有人认为原先设想的太阳能理论完全不对，太阳内部并未进行人们预想的核反应。

另有一些人认为，人们对中微子的认识有问题。过去一直认为中微子静止时没有质量，一些新研究结果表明这是不对的。假如中微子静止时质量不为零，就应该存在三种类型的中微子，当他在宇宙中传播时，中微子会从一种类型变成另一种类型。在捕捉中微子的实验中，只捉到一种类型的中微子，而其他两种类型的中微子必须用其他方法才能捕捉。不过这些都尚未定论。

　　小小的中微子竟给天文学带来这么大的麻烦，这对天文学和物理学提出了新挑战。人们必须确定，究竟是以往对太阳结构的认识有问题呢，还是对中微子的认识有问题。对此，谁也不能轻易地下结论。

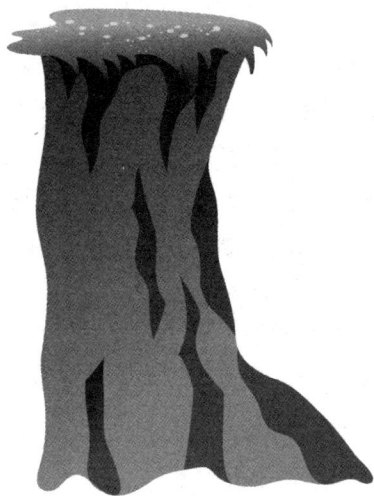

太阳黑子与病灾

　　太阳黑子的活动变化周期为11年。当太阳处在活动周期的高峰年期。医生们发现，因心肌梗塞而死亡的人数剧增，特别是在太阳黑子耀斑出现后的第一天，心血管病人往往会突然发作或猝死，因此，医生把这一天称为心血管病人的"致命日"。继而又发现，病毒性感冒的流行期恰恰出现在太阳黑子高峰的次年，甚至皮肤癌的发病高峰，妇女经期的骚扰，也同太阳黑子的变化有关。

　　世界上许多学者通过深入研究，终于发现：太阳黑子的频繁活动所引发的大量带电粒子流与X射线冲击地球时，引起地球磁场的极大变化，称之为磁暴现象。这使地面短波通讯暂时中断，高血压患者的血压升高，心跳加快，血管舒张能力降低，等等。同时，太阳黑子耀斑的出现，伴随着强大的紫外线辐射增多，导致感冒等病毒细胞遗传因子的突变。这样，人体对原来已经产生免疫力的流感病毒因变异而失去了免疫能力，这种"变种"的病毒毒性得到了加强，酿成来势凶猛的流行性感冒，席卷全球。

　　世界卫生组织已成功预警，1982年在全球暴发的流行性感冒。

　　一位美国科学家在喀土穆举行的一次记者招待会上说，1980年至1984年在苏丹和埃塞俄比亚以及非洲其他国家发生的严重干旱是由周期为11年的太阳黑子活动引起的。但这一周期对地球影响最严重的时期已经过去。他认为，应该认识太阳黑子活动周期理论，而不应把干旱单纯归咎于耕收不善和人口过多。他说，对干旱现象不能采取匆忙应付的做法。

"长方形"的太阳

1933年9月13日。美国学者查贝尔在美国西海岸较高纬度的地区观看落日时，拍了一组十分珍奇的照片：一轮慢慢西沉的太阳，开始由圆形变成椭圆形，继而底部、上部先后被削平，最后变成一个近似长方形的太阳。

太阳为什么会变形呢？其原因是太阳通过大气层时发生了折射，并且由于大气层上下的密度不同，高度角愈小，折射角愈大，接近地平线时折射角达半度。这时，由于其上升或下沉的速度，就会使人们肉眼看到的太阳发生变形。这种变形不仅是呈扁形、椭圆形、方形，甚至还可以是奇形怪状的。

然而，这种变形还要受到天气条件的影响。较大幅度的变形，只有在地球的高纬度地区，在无风、无云、空中没有冰晶雾等严格的天气条件下才能产生，因此，见到奇形怪状的太阳的机会是极少的。

北极圈的太阳"偷懒"

地处北极圈内的俄罗斯城市摩尔曼斯克的居民每年冬季过后，要载歌载舞，欢庆离别了两个月的太阳在这块昏暗土地的上空再次升起。

这天中午时分，当大黄球似的月亮缓缓飘动在万里晴空时，从地平线上升起一轮金紫色的太阳。不一会儿，月亮就完全消失在阳光里。

已经两个月未见到太阳的当地居民，纷纷穿上节日盛装，走出家门，按照当地传统习俗举行狂欢。庆祝北极夜的结束和太阳的光临，人们照古代营业方式摆起货摊。身穿俄罗斯民族服装的姑娘叫卖热腾腾的鱼肉馅饼。巨大的茶饮烟雾缭绕，吸引着游人。民间艺人和化装表演者的演出更叫人流连忘返。庆祝活动一直持续到夜间。

北极圈处在北纬66度34分的纬线上，是北温带和北寒带的分界线。在这个纬线上，每年夏至日（6月22日前后）太阳终日照射，每年冬至日（10月22日前后）太阳终日照射不到。北极圈内的摩尔曼斯克位于巴伦支海科拉湾东岸，冬季有长达一个半月的黑夜。

◎ 地球邻居 ◎

　　人类居住的地球是八个行星中距太阳第三近的行星，绕太阳运行的轨道第三短，运转速度第五快，重力第五大，表面温度第三高，质量第五大。

　　与太阳系兄弟行星最大的不同之处是，地球存在着各种形式的生命，以及维系生命存在的水和大气……

地球和它的小兄弟

关于行星是怎样形成的，没有一致的看法。最普遍可接近的理论是，在大约50亿年以前，紊流云物质开始凝结，经过离心力的作用，较重的分子集中于涡流中心附近，而较轻的气体物质被甩向边缘。这种理论，就是我们已知道的为什么有九个卫星围绕太阳开始在不同的轨道运行，这就是行星。

人类居住的地球是九个行星中距太阳第三近的行星，绕太阳运行的轨道第三短，运转速度第五快，重力第五大，表面温度第三高，质量第五大。

地球也有其他行星所没有的东西——维持我们行星上所存在的各种形式的生命的大气层。在宇宙的其他地方，可能也有含某种形式的生命存在的卫星围绕着恒星旋转。但在太阳系，地球却是有生命存在的独一无二的行星。

地球与太阳的距离（14964万千米）决定了地球的最高温度为140°F（60℃）。由于磁场，使得有害的宇宙射线不致于对地球产生影响，此磁场即为众所周知的范·艾伦辐射带。它可以把那些粒子逮住，并把它们挡在远离地球的空间里。

地球由于轴的倾斜而产生了季节，而大气层的组成成份——氧、氮、水蒸气、二氧化碳和氩气，提供了生命肌体营养所必不可少的要素。

美国太阳神太空船（APOLLO）的航行，是人类划时代的大事。从1969年7月到1972年12月的3年期间内，先后有12位太空人踏上月球。另有6位太空人一面绕着月球飞行，一面使用精密仪器勘测月球表面。12位太空人在月球上停留的时间共达300小时，踏过的土地共达60英里。此外，先后设立了5个核能发电的科学实验室，并带回837磅左右岩石泥土之类的月球物质。不过，尽管科学家对月球的研究努力不懈，但迄今为止，人类对这个地球卫星的起源和本质仍大惑不解，事实上，科学家越去勘探，困惑就越多。

对月球的起源问题，大致有三大派，但仍未定论。有些科学家认为，月球是在46亿年前，跟地球一样是宇宙的气体和尘土生成的。另一些则认为，月球是地球的孩子，从地球分裂出来的。然而太阳神号几次带回来的数据资料显示，月球和地球的组成成分大不相同。在最近一次月球研讨会中，不少科学家赞成所谓"俘虏"的理论。这个理论认为，月球在很多年以前，偶然被吸入地心引力的范围，因而才意外地纳入地球。但是也有人用天体力学来反对这种说法。到目前为止，对月球的起源仍莫衷一是。

令科学家惊讶的是，从月球带回的岩石，有99%比地球上90%的古老岩石还要古老。太空人岩士塘在月球宁静海采到的一块大岩石，至少有36亿年的历史，而地球上最古老的岩石，顶多不过37亿年历史。而其他太空人携回的月球岩石，已被测定有43亿、45亿甚至46亿年的历史。这已相当于太阳系的历史了。

在1973年的月球研讨会上，还有一块月球岩石被宣布有53亿年的历史。最令人困惑的是，这些岩石竟然被科学家认为是来自月球上"最年轻"的部分，因此一些月球研究专家就认为，月球是远在太阳形成之前就已经存在了。

美国太空人首次登陆的"宁静海"，土壤年代竟比岩石久远，据分析，两者相差10亿年之久，此事看来不可思议，因为土壤一向被认为是由岩石演变而成的。然而由化学分析显示，月球上的土壤并非由岩石演变，可能是来自别的地方。

在地球上看月球时，会看到有些黑影，仿佛月球上有人一样。太空人登陆到这个平原状的黑影区时，发现很难在它表面钻孔；经研究这里的土壤样本含有稀有的金属元素如钛（用之于超音速喷射机和太空船）以及锆、钇等等。科学家为此感到十分诧异，因为这些金属元素要在相当高的热度——6000℃以上才可熔化，并和周围的岩石混在一块。

美苏两国分别从月球带回来的岩石样品中，都含有纯铁的粒子，科学家认为这些纯铁并非来自陨石。苏联塔斯社最近宣布，这些纯铁粒子带回地球后，好几年都未生过锈。纯铁不生锈，在科学界还是第一次遭遇到的事。

从几次探险得知，月球表面不少地方光滑如镜。这表示，好象被什么不知来源的酷热"烫"过一样。专家分析说，这并非是由于巨大的陨石撞击造成的；有些科学家认为，太阳爆出来的高热才是主要因素。

早期的月球研究，都说月球上没有磁场。在分析月球岩石后，才知道它有强烈的磁性，科学家这下受到震撼可大了。然而月球岩石真有磁场，则应有个铁质的核心才对；但现在的资料又告诉我们，这样一个巨大的热核心不可能存在于月球里面，也不可能从地球的磁场获得磁性。因为月球若要从地球获得磁性，就必须很接近地球，果真如此，它恐怕早就被地心强力弄毁了。

1968年，太空探测带回来的资料显示，月球的外壳底下有大块的浓缩物，而且还有一股吸力，太空船飞过时禁不住要倾斜。科学家只知道这些浓缩物是一种又密又重的物质，其余就一无所知了。以上都是月球上未能解开的谜。还有待我们去解决哩！

地球曾有四个月亮

在天文学史上，天文学家赫尔比格曾提出一种理论，后来英国学者贝拉米和艾伦发表专著论述这种理论的正确性。美籍法国物理学家莫里斯·复特兰又于20世纪80年代用数学方法为这种理论找了一些论据。

这种理论认为，地球在其数十亿年历程中曾先后捕获四颗卫星，即四个月亮。这四个月亮恰好跟地球的四个地质年代相符合，同地球上四次大变动相应证。世界各地的神话传说和经文典籍，对这几次灾变都有栩栩如生的描述。

我们今天看到的月球是地球的第四颗卫星，它之前的三颗在运行中由于靠地球太近，最后都坠落到地球上。在坠落到地球赤道附近的三个地方之前，它们发生了大爆炸。坠落之后，它们在地球上形成了三大洋。这三次坠落都使地球遭受难以想象的灾变，摧毁了地球上的生灵万物。

月球陨落的"小月球"

月球是不是像地球一样，也有过自己的伙伴环绕它旋转呢？

1961年3、4月间，科迪列夫斯基在天空中发现了两个相距不太远的雾状斑点。同年9月，在另一处又发现了一个类似的雾斑。他认为，每一个雾斑都是由一些大小不同的物质微粒组成的。这些雾斑又都环绕地球运行，轨道跟月球轨道差不多。这三个尘云型的"卫星"离地球的距离大约是40万千米，也就是在月球绕地球运行的轨道上。前两个雾斑彼此相距4万千米，而两者的共同质量中心位于月球前40万千米处。后一个雾斑位于月球后40万千米处。因而这些"卫星"同地球和月球组成两个等边三角形。这三个尘云型"卫星"可以说是月球的邻居，可是除了科迪列夫斯基以外，没有其他天文学家观测到月球的这些邻居。航天飞行没有对它们作专门的探测，也没有发现这些尘云，所以它们究竟存在与否还是一个谜。

那么，除了"邻居"以外，月球还有自己的小月球环绕它运行吗？英国天文学家基斯·朗库德认为答案是肯定的。在数十亿年以前的一段时期，月球曾拥有若干个小月球，每个小月球的直径至少有30千米，可是到了距今42亿—38亿年前的时候，它们一个个从轨道上陨落，在月面上形成一个个"月海"。他认为，小月球陨落的原因是它们环绕月球赤道运转的轨道是不稳定的。小月球每次对月球的撞击，撞出大量的岩石，使运行中的月球失去平衡，月球就发生摇晃，使月球的极点移动，然后再恢复到平衡状态。被撞击抛出大量岩石后暴露出月壳内层逐渐凝结成坚硬的岩层，形成新的盆地（即"月海"），此时月球就稳定在一个新的极点上了。

这一假说后来得到一个验证。科学家兰康对阿波罗登月舱取回的月球岩石进行分析研究后，从古磁学研究方面发现在几十亿年前，月球的极点确实移动过好几次。他论证出三条分别相应于42亿、40亿和38.5亿年以前的月球磁赤道，具有相似年龄的撞击盆地形成的"月海"，正好沿这些磁

85

赤道排列着，他也认为这种撞击使月面物质重新分布，改变了月球的转动惯量，从而造成月极移动，这符合上述假说解释的小月球陨击的过程。

但是上述过程还不能最后确证，因为小行星或大陨星撞击月面也可能形成"月海"。还有，天文学家早就提出另一种造"海"过程的假说，认为在遥远的过去，月球自转比现在快得多，由于离心力的作用，那时候月球两极比现在扁得多，当月球自转变慢时，两极附近的压缩减小了，这就引起了"海"所在位置区域下沉；同时，在月球的两极地区也发生了强烈升起造成的破裂。这不仅说明了"月海"的成因，而且能够解释为什么"月海"呈带状分布，还能说明月谷可能就是月壳的伸张所引起的破裂造成的。人们认为，这种假说是很有道理的。

由于众说纷纭，所以科学家还要搜集更多的证据才能确认月球有过自己的小月球。

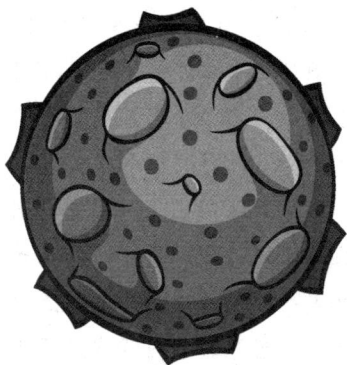

南极发现月球碎片

1985年，美国科学家协会发布一条消息，提到在南极大陆发现月球碎片的事情。

据说，在距离美国南极观测基地约200千米处发现的370块陨石中，内藏淡绿色的小陨石。据地质学家加西提博士鉴定，那淡绿色的小陨石是月球特有的一种矿物。

那么，月球的碎片是怎样降落到地面上来的呢？专家认为，这是天体冲击月球的结果。当巨大的流星撞击月面后，引起月面大爆发，流星碎块夹带着月面上的岩石及矿石一同飞射到空间，然后降落到地面上来。

最小的邻居——水星

水星是最小和最不宜人的行星。1889年，意大利天文学家夏帕里经过多年观测认为水星自转时间和公转时间一样长——88个地球日。对此，人们一直深信不疑。直到1965年，美国天文学家佩廷吉尔和戴斯才测量出了水星自转的精确周期58.646天。

天文学家们曾认为，水星总是一边背着太阳，因此这一边永远都非常冷，而另一边对着太阳，总是在太阳的照射下，因此这一边总是非常热，以致一些软金属，例如铅或者锡都会被熔化。

但是，这个看法现已被证明是错误的。水星沿着它的运行轨道绕太阳旋转，总是在同一位置以同一个面对着地球，这是一种巧合。因此，水星"冷"的一面并不是在所有时间都是这样冷。假如是的话，天文学家就能设法往水星旅行——其距离范围从8000万到21900万千米，其行程在6个月以上——他将发现其温度就像地球上盛夏凉爽的夜晚一样，为72°F（22℃）。

因为水星绕太阳转一圈时水星自转半圈，所以宇航员必须等待176个地球日才能看到灼热的拂晓。如果人们有办法一直坚持到"正午"，那么水星的温度将达到752°F（400℃），设置在水星上的仪器将会沸腾。

假设天文学家在水星上能设法活下来，那他的很重的隔热装置大概也不会太严重地妨碍他的运动，因为水星上的重力拉力很小，一个56千克的人在水星上的重量仅有21.2千克。

水星的表面被热焦化了，因此在环绕16090千米的整个行程中，没有任何海或河可以妨碍宇宙车的运行。

水星的轨道呈椭圆形，所以从一个水星日到另一个水星日，温度都有变化。在最热的时候，水星上能看到一轮巨大的太阳，以及在刺眼的阳光照射下的多坑的岩石地貌。晚上，因为水星没有月亮，能够看到的只有星星和远处闪闪发光的金星和地球。

金星的本来面目

地球邻居

虽然金星比地球更靠近太阳（金星距太阳为10780万千米，而地球距太阳14964千米），但是，金星有一个固定的浓密的云层保护着，使其表面免受太阳的煎烤。天文学家们曾想象，在这个云层下的行星有很多生命——就像热带潮湿密林里一样。为此，一些更富想象力的人甚至说曾看见似恐龙的怪物在走动。另外一些人甚至把有时能看到围绕于金星里边的光环解释为晚上的城市光辉。

现在，美国和俄国的宇宙探测器已经能穿过金星的云层，真相和想象远远不同。二氧化碳封蔽着该行星，使其表面温度达932°F（500℃）。灰尘和冰晶一起融合成带黄色的"烟雾"，通过此烟雾偶尔出现太阳光的淡色光，使得岩石发出红光。

在金星的整个表面上，由于经常性的尘暴而使砾石烧蚀成离奇古怪的尖角状，整个表面就是这种砾石零乱堆满的沙地。在窒热的环境中，没有任何东西能够生长，冷粒在能够作为雨到达金星表面之前，在云层中早已溶解汽化了。

金星几乎和地球一样大小，金星直径为12067千米，地球为12711千米。金星的重力加速度稍微小一些，它围绕自身的轴按与地球相反方向自转。所以，如果有人可能在金星上着落，并且能够透过"烟雾"的屏障看一下太阳的话，那么，太阳是从西边升起而往东边沉下去的。没有什么道理可以解释。金星绕其轴旋转一圈需要243天，它围绕太阳一圈只有224.7天，因此，金星的一天比一年还要长。

科学家们必须解决的最大问题之一是，在飞抵金星的三个月之前，就必须考虑到，金星上每6.45平方厘米有560千克的巨大大气压这个难题。这个大气压力是地球的100倍，所以，即使一个宇航员能够经受得起其他所有的危险，也难免被压得粉身碎骨，除非他有办法防护。

　　不管现代天文学家所揭示的这种事实如何严酷，金星总是唤起人们奇异的想象。假如它那长期封蔽的云层消散，以便水能到达金星表面，释放游离的氧分子进入大气层，那么这个实际上是阴暗而无生命的地狱就可能变成类似科幻小说家们笔下的仙境。

火星和它的"运河"

到火星的第一个访问者很可能可以带回太阳系中我们地球之外存在的唯一的有机生命的样品，果真如此的话，他带回的将不是新奇的小人，而大概会是一种不比原始苔藓类更神奇的东西。火星和地球十分相似，因此人们推测火星上可能生活着某种人类。这种观念延续到20世纪。

1877年火星大冲，这是特别宜于观测火星表面的机会。意大利天文学家夏帕雷利在观察火星时发现火星表面有许多线条状的东西。他用意大利语称之为"canali"（海峡、沟渠的意思），但是英文报刊在报道这一发现时，把canali错写成了canal（英语运河的意思）。

美国天文学家珀西心尔·洛厄尔也看到运河并支持它们是生命形迹的这一理论。他断定，聪明的火星人早已开凿的这条庞大的运河系统，是用从火星高山顶上的冰雪所蕴藏的水库中引水灌溉沙漠的。

洛厄尔为了研究火星，特别在美国亚利桑那州费拉格斯塔夫建造了一个观测站，他断定，火星毋庸置疑是缺水的。从确认运河是人工建造的这点出发，他得出结论："有某种人类或其他生物居住在火星，这是可以确定的，只是无法确定他们都是些什么样的人类。"

20世纪以来，对于火星有无生命的争论始终没有停止。瑞士物理学家马宇·比宇夫分析了从火星拍回来的照片后说：在这个红色星球的表面，建筑了纵横交错的运河，河里还有鱼类。

1976年美国的两个"海盗"号探测器在火星上着陆，它们在火星表面上进行了预定的考察和实验，确认火星上根本不存在"运河"，大概没有生命。前苏联在1962年至1973年间也多次发射了"火星"号探测器。

火星生命之谜

　　洛厄尔用他的观点描绘了一幅迷人的世界图景。在这个世界里，生活着一个高度文明的种族，他们和睦相处，并辛劳地工作以保藏每一滴可贵的水。

　　洛厄尔的理论虽然没有对立观点，但也没有被接受。必须指出的是，火星两极的积雪一定非常薄。因此，几乎不可能有一个广阔的行星灌溉水源和抽水系统。况且，其他观测者也使用与洛厄尔同样大小和同样强力的望远镜进行观测，其结果是看不到什么运河，因而推测它们是自然岩层。

　　近几十年来所进行的研究结果已经推翻了"火星人"的理论，所谓"运河"就是地质裂缝，富于想象力的天文学家把它连成一条长的直线。事实上，火星比撒哈拉沙漠或者南极大陆更不容易接受有机生命。

　　即使如此，访问火星的第一个人将看到一个令人神往的新世界，这个世界比太阳系的其他行星都更加像地球。火星确有一个大气层，但这个大气层于地球人无益。火星的"空气"比在埃佛勒斯峰——即珠穆朗玛峰上测定的空气还要稀薄，并且几乎都是二氧化碳，而没有存在氧的迹象。火星比地球更远离太阳（火星为23411万千米，地球为14964万千米），所以在火星上看太阳将显得更小。

　　火星日比地球日长半小时，但是火星年是地球年的近两倍，等于23个地球月。火星上的重力加速度将把宇航员的重量几乎降低三分之二，在火星的赤道上绕行一圈要跨越20917多千米。

　　火星探测器显然是在无生命的地面上着陆的，那儿到处被红褐色的灰尘和火山口的凹坑所覆盖，山的高度几乎是珠穆朗玛峰高度的三倍。

　　如果宇航员于中午在其赤道附近着陆，他将发现温度舒适，大约为71°F。在火星的南北极，他将发现没有很厚的极地冰层，但有薄薄的一层二氧化碳，春天时变成蒸汽。随着季节的变化，冷风从极地的大气层刮来，以代替赤道地带中产生的气流。

　　正是在火星的春天里，从地球来的第一个人将探索生命。这时，高山上的冰消失了，地球上的观测者可以看到黑暗面正在扩大，显然是往火星的赤道移动。

　　探测器发送回来的无线电信息可能令人失望。因为以前曾这样设想过，这些黑暗区域就是随着季节变化的植物生长带。但是一种更可信的解释是，它们只不过是强风把灰尘清扫过的高地岩石。

　　虽然在火星上的宇航员能够发现某些科学家确信生长在那里的耐寒的苔藓，但这些植物必须从上升的蒸汽或深储于干焦的表面底下的水中取得它们生存所必要的水。事实上，很可能躺于苔藓中的"岩石"是圆形的无肢动物，它们能够在火星红色尘埃所含的氧化铁中取得水。

火星大气之谜

　　行星学家很久以来对火星为什么能全部保留其表面的二氧化碳大气感到迷惑，逸散到太空的气体必定以某种方式得到补充，在火星的土壤或极冠中有某种储藏，但迄今尚未发现。

　　1988年11月，美国地质勘探局和亚利桑那大学的科学家们宣布他们找到了答案。原来有一种叫做方柱石的矿物，地球上很稀少，但火星表面显然很丰富。这种方柱石矿物能在其晶体结构中以碳酸盐形式蓄积大量的二氧化碳。

　　地球上，方柱石是一种琥珀色的不很珍贵的宝石矿。它的组成部分包括钠、钙、钾、铝、硅、氯、碳、硫、氢和氧等元素。然而，未来的火星探险者大概不会拾得任何方柱石宝石，迄今探测到的矿石都非常小。科学家说，方柱石可能是覆盖着火星的尘埃的组成部分。

　　前些年八九月间，是最近的20年来地球离火星最近的时刻，科学家们利用3米望远镜上的新型分光仪来研究火星许多地区的光线的近红外线光谱。他们观测到5条与方柱石一样的吸收光谱带，从而肯定了他们的发现。

　　很多世纪以来，对火星上存在着生命的可能性，人类一直寄予极大的希望和兴趣。然而，宇宙探测器"水手9号"、"海盗号"从火星上发回的资料表明，火星上尘埃满天、荒漠满地，是没有生命的惨淡世界。

　　出乎意料的是，科学家发现火星上许多蜿蜒曲折的网状水道和星罗棋布的岛屿。地球上的"沧海桑田"启示科学家们深入研究了火星漫长的周期变化规律。他们认为火星曾经有过更多的大气和更温暖的气候，而且可能有水在上面奔流过。火星上也出现过某种类型的生物，只是为了适应后来稀薄的水气和缺水的情况，也许长期处于休眠状态，只要气候转暖，它们还会苏醒过来，再度繁衍生息。

神奇的火星人面像

前苏联科学家曾希望他们1988年的火星探险计划能够解开一个令他们迷惑多年的神秘之谜：究竟是谁在这个红色星球上，雕刻了一个五官齐全的巨型人面像？

这个有着人类外貌的雕像，由头顶至下巴足有1600多米长，可以清楚地从1976年美国"维京"太空船拍回来的照片上看到。而除了这个奇异雕像外，还同时可以看到有一些类似金字塔的建筑物出现在这个星球上。

对于这个现象，是天然造成的或另有原因，美国政府似乎不大关心，但前苏联方面却希望到火星上看清楚些，以便查个水落石出。

与此同时，美国一些知名科学家却认为这个像和金字塔，正显示火星上一度曾有生物居住，他们已向政府提出要求，对那些古怪建筑物进行更深入研究，不要就此放弃。

世界知名的史丹福研究协会一位高级物理研究员杜菲博士认为，照理论推测，火星以前一定是有过能提供生命必需的大气层。现在它虽已变成一个干涸、尘土飞扬和荒芜的星球，但从"维京"太空船得回来的资料，却显示出它在前一个时代里，曾有大量氧气和清水存在，而这两样皆是生存的必需品。

木星是个"大气团"

人或许永远也不可能在木星上着陆。这种说法是保险的。所有已知的事实表明，木星上没有任何地方可以着陆。如果木星有一个地表皮——这是绝不可能的，那么它无非是由氢压缩成的一种可塑性软泥。

最大的行星——木星最像太阳，它主要由气体组成并产生它自己的能量。这些气体是氢和氦，它们也是组成宇宙的基本物质。因为木星很大，所以它的重力加速度也很巨大，比其他行星重力的总和都大。因此木星保持它固有的氢不变，氢完全绕着木星旋转，这使得生命无法存在。而在其他行星，由于太阳射线加热，大气层的氢便能挣脱重力的吸引而消散。

虽然氢是众所周知的最轻的物质，但木星的重力加速度是如此强大，且离太阳又是这样遥远（77715万千米），以至于没有任何外力能够扯开这个气体屏幕。

当太阳按照星球固定模式扩展，并把内圈的行星烧尽时，木星的特性就要经受一次戏剧性的变化。按照最新的预测，具有较大重力吸力的膨胀的太阳，将以它较大的重心引力吸掉木星的氢，然后木星将收缩成一个重元素构成的密实球体，而以碳元素为基础的生命将有可能在木星的表面出现。这样，木星将成为另一个地球。

但这非常渺茫、非常遥远——大约要到70亿年以后。到那时，必须从它其中的一个卫星来探测这个巨大的木星。木星有12个卫星，其中最大的叫卡利斯托，比水星还要大。从卫星上看，木星呈现为飘动的彩云带所覆盖的巨大圆盘。

在这种不大可能的现象中，为了穿过木星的大气层，人必须配备良好的装备。他首先必须通过围绕着木星的云层（这些云层就是氨和甲烷），并且当探险者降落经过云层时，他将看到氨和甲烷凝结成氨雨和雪。但在这种氨雨还来不及接近木星的中心之前，就将被蒸发回到云层，并在云层中产生巨大的放电，犹如地球上的雷电一样。

木星从表面到8000千米高空压力都很强，在其表面上，宇航员的重量为其正常重量的2.5倍。在木星上，没有一个地方有游离氧可供呼吸。云层的温度为-220° F（-140℃），比地球上某些人造液化气体之外的任何已知物质的温度都低。微弱的太阳是那么遥远，就像一颗闪烁的星辰，每9.75小时升降一次。

对于这样一个巨大的行星，它的自转速度快得惊人，由此，所产生的离心力使得物质都被积聚在赤道处。所以，巨大的木星的两极处比地球的两极更为扁平。

木星绕太阳运行一圈的时间约12年，但是这个问题对于一个探测者来说没有多大意义，因为由于它和太阳的距离是这样的远，以至于没有什么可区分季节。

探测木星的第一个宇航员一定会特别注意研究被叫作"红斑"的现象。这种红斑早在1631年就已出现在天文学家所画的图上，因为它发出淡红光，所以称之为红斑。这种淡红光在不同时间其亮度是变化的，有时则完全消失。为什么红斑现象长期以来难住了观测者们呢？一种推测是，它是从木星"表面"升起的巨大的气体云；另一种推测是，它是木星大气中某种形式的固态漂游物质。毫无疑问——因为已经用望远镜对它进行了细致的研究和测量——红斑实际上是一个巨大的斑点，估计长48270千米，宽11263千米。

木星上奇特的橘红斑

1973年12月，美国宇宙飞船先锋10号拍下了木星表面的彩色照片。人们发现在木星的南半球有一个色泽鲜艳的橘红斑。这与罗巴特·福克在1664年画的木星图中的橘红斑很像，也同1831年留下的木星照片一样。这就说明，木星上的橘红斑至少已经存在300多年，并且位置也没有太大变动。这个橘红斑究竟是什么？至今还是一个谜。

科学家研究表明，木星大气层的温度低达-129℃。但是，根据美国1973年的探测，木星内部的温度却很高。于是有人推测橘红斑是木星内部温度最高的地方。内部的物质形成柱状旋涡，不断向外喷发，柱状旋涡与大气发生作用，形成橘红色的物质。但这种说法现在缺乏证据。还有人设想，大橘红斑是木星产生卫星的地方。也有人认为，橘红斑就是带橘红色的一氧化碳的旋涡在木星大气层移动形成的。

木星南半球还有一个巨大的呈椭圆状的白点，有人认为那是由木星表面的飓风形成的云柱，木星是一个狂飙肆虐的地方。也有人设想，橘红斑可能是巨大的风暴，外面看是一个强大的旋涡，或者是一团沿逆时针方向迅速旋转并猛烈上升的强气旋，气旋中含有红磷化合物，所以呈橘红色。

以上种种推测，都有待于进一步证实。

土星和它的光环

　　最容易识别的行星是土星。尽管很模糊，但不用望远镜也能看到它。使它如此特殊的原因是围绕其赤道的光环的独特体系。这些环是同轴的，就像从树干的横断面所看到的那样。土星是巨大的，它的体积是地球的740倍，只较木星稍小。像木星一样，它多半是由氢和氦组成的，其核心是液体氢或金属粒子形式。

　　土星有土星环，人们根据地面观测和空间探测，把土星环划分为7层，截至2012年已发现62颗卫星。他们之中的一个"大力士"比水星还要大。1980年11月，旅行者1号曾与"大力士"遭遇，据其发送回来的无线电信号分析结果表明，光环是由环状而平整的、直径为1.83到3.96米的大块冰构成的。三个主要光环的总直径为273530千米，厚度为10千米左右。土星比木星更冷，达−256°F（−160℃）。土星日大约是10.25小时左右，但土星上的一年相当于29个地球年。

天王星的发现

对于那些寻找新的行星作为栖息地的太空人来说，天王星上没有任何东西对他们有吸引力。

太阳距离天王星如此遥远——约27亿千米，看起来只不过是一颗很亮的星星罢了。阳光艰难地穿过氨和甲烷大气层，到达冷冻的氢组成的稀泥表面已没有多大作用，温度为-310°F（-190℃）。在这种令人讨厌的环境中，宇航员最多只能在上面呆一个天王星年，因为一个天王星年是地球年的84倍。

除了它与太阳的距离很远外，事实上，天王星的轨道平面与它的轴线成直角，这使天王星具有季节变化。不过，天王星上季节之间的差异，比地球上的季节变化要模糊得多。

有关天王星最引人入胜的事实之一是天王星的发现方式。威廉·赫歇耳是一位年轻业余天文学家。1781年的一个晚上，当他正忙于用自制的望远镜实现他自称的"宇宙大检阅"时，天空中一个不熟悉的发光圆盘引起了他的兴趣。连续几天的跟踪观测使他认定：所发现的一定是太阳系的天体，可能是彗星。于是他把一篇题为《一颗彗星的报告》的论文递交给英国皇家学会。两年以后，法国科学家拉普拉斯认证并公布了威廉·赫歇耳发现了太阳系的新行星。天文学家们计算出这颗星的轨道，位置是在土星的外侧。从此，太阳系内的第七颗行星——天王星就这样被发现了。他获得乔治三世的恩俸，放弃了作为音乐家的职业，将他的毕生奉献给天体的研究工作，并成为第一个说明星星构成银河的人。

八星会聚与地球的灾荒

八星会聚，俗称八星联珠。指的是太阳系八大行星聚集到太阳内侧近乎一线位置上这样一种罕见的天文现象。确切地说，称为八星会聚比较合适，因为八大行星并不会真正联珠似的排成一直线。

在1608年发明望远镜之前，人们用肉眼只能看到金、木、水、火、土5颗行星。在我国古代，很早就有五星会聚、五星联珠或五星并见的记载，那是指从地球上看，这五颗行星在天空中聚合在相去不远的范围内。

周武王伐纣灭商，五星会聚在房宿（二十八宿中的一宿）；春秋第一个霸主齐恒公霸业将成的时候，五星会聚在箕宿附近；秦未乱世被汉终结的时候，五星出现在井宿附近。这些记载大多出现在开国、中兴或王朝即将灭亡、动乱的时期。由于受古代星相术的影响，那时五星会聚的出现，常被看成是涉及国家行将兴亡的大事。

1974年，英国天文学家格里宾和普莱格曼写了《木星效应》一书，提出所有行星在太阳同一侧排成一直线（是指从太阳上看），行星对太阳的引潮力达最大值，将激发太阳强烈活动，然后引起地球的气候异常、自转速度变化和触发地震。比利时天文学家米乌斯却在1975年写了《评木星效应》一文，进行了反驳，认为这种效应是不存在的。理由是行星对太阳的潮汐力可以忽略不计，行星直排对太阳活动没有影响；太阳耀斑对地球自转和地震的影响、行星位置与地震的相关，都没有被证实。

那么，究竟八星会聚对地球有没有影响呢？我国学者也有不同意见，如李致森等人在1978年提出了研究报告，文章还计算了5000年以来各次行星会聚的时间和角度，仔细分析了它们与中国气候变迁的关系。

他们发现用日心坐标（从太阳上看）的行星会聚，与气候变迁的关系并不清楚；而改用地心坐标（从地球上看）的行星地心会聚，则与中国5000年来气候变迁有相当一致的演变关系。

当八大行星的地心会聚出现在冬半年且地心张角又小于70°时，在其前后中国发生140-180年一遇的自然灾害频繁期，这与八大行星地心会聚的间隔时间138-183年是一致的。

其间，低温、干旱、洪水、华北地震等自然灾害都比较频繁而严重。反之，会聚出现在夏半年，或虽处冬半年但地心张角≥80°时，则发生温暖期，自然灾害相对较少。

如果会聚比冬半年地心张角更小（≤47°）时，中国和北半球出现1000-1400年一遇的更为严重的自然灾害群发期，其间严重低温冷害、全球性沙漠化、罕见洪水、世界大地震等都相当严重，海平面也下降2米左右。公元前2000年，公元前1000年和17世纪等就是这样的时期。

李致森等人的观点引起了国内外有关学者的重视，但也有人从其他方面寻找历史上灾害性气候发生的规律和原因，认为八大行星的会聚与地球上气候异常和其他灾变并无直接联系。随着科学进步，这个问题已越来越引起人们的注意。

卫星会有自己的"从星"吗

大行星多数有卫星已经是司空见惯的事情，但是许多世纪过去了，没有人想到小行星也有卫星，因此当首先发现小行星的卫星的时候，令人感到惊异不止。

1978年6月7日美国有4位天文学家分别在3个天文台观测532号大力神小行星掩恒星的时候，首次发现这颗小行星有卫星。

根据国际天文界新的暂定命名规则，这颗卫星被命名为1978（532）I。532号小行星和它的卫星直径分别是243千米（1984年新测定为263×218×215千米）和45.6千米，即这颗小行星的直径是它的卫星直径的4倍，而地月距离则相当于小行星直径的4倍，而地月距离则相当于地球直径的300倍，可见小行星与它的卫星是非常靠近的。

上述首次发现后半年，1978年12月11日，人们发现18号梅菠蔓小行星也有卫星陪伴，它们的直径分别是135千米和37千米，直径的比值是3.65倍，与地月直径之比十分接近，可见小行星有卫星。但也有人否定小行星有卫星存在。

直径才100多千米的小天体也有卫星环绕它旋转，这不仅是十分有趣的发现，而且使人立刻想起太阳系内许多卫星的直径比梅菠蔓小行星大得多。例如我们的月球的直径就是3476千米，土卫七是350×234×200千米，都比梅菠蔓小行星的直径135千米大。如此众多的大卫星可能存在环绕它旋转的小天体的想法是完全合乎逻辑的。

目前天文学家一般认为，尽管人类已经发射了许多空间探测器，迄今尚未发现一颗卫星的伴星，所以关于大的卫星可能有伴星的推测虽然合乎逻辑，却是"事出有因，查无实据"，现在还难以使人相信。

而主张大的卫星可能有伴星的研究者则反驳说，小行星的卫星并不是空间探测器发现的而是用地面望远镜发现的，所以至今尚未发现卫星的伴星可能是现有的观测技术还不够先进。

月球可能存在过自己的小月球。月球是地球的卫星，既然月球如此，其他行星的卫星也有可能是这样。人们还期望，月球过去存在过绕它旋转的小月球，也许今天还有小天体留在绕卫星旋转的轨道上，这就要等待今后的观测结果了。1988年发射的空间望远镜和今后将发射的航天飞行器有可能找到这种卫星的伴星。

我们知道，像太阳这样自己发光的天体称为恒星，环绕太阳旋转的天体称为行星，环绕行星旋转的天体称为卫星，那么，很可能存在的环绕卫星旋转的天体称为什么星呢？

我们姑且称它们为"从星"吧。

有朝一日果真发现"从星"的话，对太阳系起源和演化的研究是一件有重要意义的事情，让我们拭目以待吧。

小行星从何而来

　　星空是美丽的，大自然是和谐的。自古以来，不少哲学家、科学家都坚信，宇宙中到处都有数学，它们也遵循数学的规律。例如，马克思最崇敬的科学家开普勒，早在16世纪末就沉醉于探索行星离太阳距离的数学法则，曾经得出了一个美妙的图像，它们的距离分别与球的内接、外切正多面体相符……开普勒在研究中特别注意到火星与木星轨道间显得太空旷了，后来他坚信："在火星与木星之间，还应当有一颗行星存在！"

　　一个半世纪后，德国科学家提丢斯提出一个公式，能十分精确地表示出各行星之间相对距离的数字关系。这个公式，在1772年由柏林天文台台长波得公布于众，被称为提丢斯—波得定则。根据该定则，在火星和木星之间即约离太阳2.8天文单位（1天文单位约为1.5亿千米）处应当有一颗行星。柏林天文台台长波得更加坚信不疑，他甚至算出"在火星与木星之间的大行星，完成绕太阳一周的时间应为4.5年"。

　　为了寻找这个失踪的地球"同胞"，许多国家的天文学家都行动起来了：有的作了周密的分工，每人搜索一个天区；有的成立了"天空巡警队"，不少望远镜都指向了可能出现行星的天区。

　　但是事情却如一幕喜剧似的发展着，这儿正用得着中国一句古诗："有心栽花花不发，无意植柳柳成荫。"这颗未知行星对几十位痴情者不屑一顾，却去叩响了对此事一无所知的一位天文学家的大门。1801年元旦，意大利西西里岛巴勒莫天文台台长皮亚齐，正在为编制一本星表而作巡天观测（他为此已连续观察整整8年了），当望远镜指向金牛座时，他敏锐地发现，视野中出现了一颗相当于8等星的陌生星体。后来计算表明，它的轨道与所寻找的行星相仿，离太阳距离为2.77天文单位，与人们预料的十分吻合，人们把它命名为"谷神星"。

　　谷神星填补了提丢斯定则的空穴。可是还是有人满腹狐疑：为什么谷神星如此小呢？当时测得的半径为400千米，仅及月球的1/4，作为行星中的一员实在太小了。更令人不安的是次年3月，德国医生奥伯斯在火星与木星之间又发现了一颗与谷神星伯仲难分的新行星——智神星，两者轨道也相差无几。

奥伯斯的发现对于传统概念（一个区域只能存在一颗行星）的冲击是如此之大，以至于不少天文学家不愿相信观测事实，否认智神星的存在。然而事实无情，新的小行星不断被发现，人们才恍然大悟：这个"应有行星"的位置上，今天已找不到传统概念中的（大）行星，而是存在着许多颗大小不一的"小行星"。——现在已算出轨道，正式编号的小行星数已突破了3700颗了。

为什么大行星被一群小行星取而代之？是必然规律还是反常现象？为小行星寻"根"的研究几乎从发现之日起业已开始，尽管200多年来已有了很大进展，但迄今仍是一个未解之谜。而且真正要解开这个疑团，恐怕要依赖于太阳系起源问题的突破。

关于小行星起源的假设，目前是五花八门，但归纳起来，影响最大的有三派："爆炸"、"碰撞"及"半成品"。

早在1804年，人们刚发现第三颗小行星婚神星时，才思敏捷的奥伯斯便一语惊人：火星、木星之间原来也有大行星，但后来因某种还不知道的原因爆炸了，现在发现的三颗小行星只是三块爆炸后的大"碎片"，因此，那儿一定还有更多的大小天体"碎片"。令人惊讶的是，奥伯斯在他假设的"爆炸区"守株待兔地等了3年后，居然真被他发现了第四颗小行星——灶神星。奥伯斯的理论信奉者并不多，在连三硝基甲苯烈性炸药尚未发明的时代，人们实在想象不出哪有如此巨大的能量，可以崩破一颗行星。但进入20世纪后，爆炸说又活跃起来，前苏联一些天文学家如萨伐利斯基、克里诺夫等结合流星、陨星的研究，使爆炸说得到了很大的发展。

碰撞说的创始人是美国行星物理学家柯伊伯。他从小行星数的统计中发现，对于半径小于10千米的小行星，数目与半径的关系大致符合由碰撞形成碎片的经验公式。前苏联阿塞拜疆的天文学家苏尔塔诺夫支持柯伊伯的观点——在火星、木星之间的区域中，原来存在着几十颗类似谷神星、智神星那样大小的"中介天体"，由于它们的轨道杂乱分布，在漫长的岁月中，互相发生猛烈碰撞，而大量的碎片还会进一步撞碎……正是这种频频的"交通事故",造成了今天所知的成千上万颗小行星。而且观测发现,许多很小的小行星确实有各种古怪的形状。而最早发现的四颗小行星则是事故中的幸免者,所以是小行星世界中最大的"四大金刚"。

"半成品说"是近几十年发展起来的,但其阵容最强,包括瑞典的阿尔文、英国霍伊尔、苏联萨弗隆诺夫、我国戴文赛等。虽然这些著名学者的观点有许多细节大相径庭,形成机制也不尽相同,但总的概念是:小行星有与大行星一样的形成过程,是从同一块"原始星云"中脱胎而出的,只是大行星发展比较完全,小行星则由于各种原因而中途"流产"了,未能"发育"完全。

戴文赛在他患病之际,对小行星的形成过程作了深刻的研究,还进行了细致的定量计算,引起了国内外的重视。

当然在为小行星寻"根"的研究中,还有过许多奇怪的假设,例如有人认为它们可能是来自茫茫宇宙中"迷途的羔羊",有人认为是太阳在绕银河中心转动中碰到了一团物质后"掳获"到的星体,甚至有人设想是从木星中抛出的物质……但这些观点只是昙花一现,未成什么气候。

综上所述,爆炸说和碰撞说虽各有千秋,但它们无法说明小行星轨道分布中的"共振"现象及自转分布规律,"半成品"说则还未发现大的障碍。然而正如前面所述,这是太阳系起源问题中不可分割的一环,弄清这一天文之谜,人们还有很漫长的路要走。

太阳的伴星 "复仇星"

美国的科学家曾经提出我们的太阳有一颗伴星,命名为纳米西斯(希腊神话中专司惩罚的女神)。它每隔2600万年至3000万年在距离太阳系外围较近的区域经过(比冥王星远得多)。它在一团彗星很多的空间通过时,由于引力的关系把一阵可能上10亿颗彗星组成的星雨带入太阳系,这样就使一颗或一颗以上的彗星与地球相碰。

这种碰撞引起了地球上生物的大规模死亡。科学家们用这种"碰撞论"来解释6500万年前恐龙在地球上全部消失之谜。

据推断,下一次这颗"复仇星"将在1300万年以后来临。科学家们正在寻找这一颗有待证实的太阳的伴星"复仇星"。

彗星是地球上的灾难

当古人看到天空中的彗星时，都感到惶恐不安。半个月亮大小的火球拖着长尾巴划过天空，显然是要把病灾降到人间。他们以为天空是神秘莫测的神（上帝）的居所，彗星的出现意味着地球上将会有危险发生。

虽然大多数人现在并不相信彗星是末日的前兆，但是这种现象仍然引起科学家们的兴趣。彗星同其他行星一样围绕着太阳的轨道运行，但在一个世纪中，人们从地球上最多仅能看到它一次或两次。

虽然对它们的组成成份仍然是一种推测，但众所周知，它们不是像陨星那样的固体，而是由很小的冰冷的粒子和比空气的密度要小百万倍的气体构成的。

有些科学家说，彗星的头部就像是一个"含有大量放射性尘埃的雪球"；另一些人反驳说，如果真是这样，那它就是一种由一个很脏的孩子抛出来的雪球，因为这些粒子是由冰包着岩石构成的。

然而，似乎可以取得这样的一致看法：彗星是脆弱的物体，在与地球的碰撞中，至少造成局部损伤。

彗星的长尾巴是由气体和灰尘组成的，来自太阳的辐射迫使它脱离头部。

彗星不会发光，但能反射太阳光。当它接近太阳就会变得更亮，当它飞离太阳时，它的亮度就逐渐消失。

每隔两年或三年，就有一些小彗星沿着太阳轨道运行，但唯一真正明亮并可以定期看到的只有哈雷彗星。1682年，当英国皇家天文学家埃德蒙·哈雷看到它时，认为这可能是过去曾经有过多次记录的那个明亮的彗星。检查记录之后，他认定这个彗星每76年出现一次。

哈雷的发现已经证明是对历史学家的一种恩赐，历史学家现在常常能够准确地指出古人描述的事件的日期，因为这些事件之前常常有这个"不祥物"彗星出现的先兆。

1973年，有一颗未知的彗星出现，引起人们极大的兴趣。它以发现它的捷克斯洛伐克天文学家卢博斯·科霍特克的名字命名为科霍特克彗星。人们以为它一定会拖着火红的尾巴，在地球轨道上运行的美国太空实验室里的宇航员并准备从它身边经过以便拍下这壮丽的图景。但是，大家都失望了。按照苏联科学家的看法，宇宙尘埃的外包皮妨碍了科霍特克彗星尾巴的形成，因此全世界都看不到。

天文学家发现，许多瘟疫和病毒可能是由彗星感染到地球上，假如这是事实，将会带给生物学、医学很大的变化。要消灭这种从彗星进入地球的病菌，必须对地球大气层进行严密的微生物研究。据研究指出，充满着尘埃的气层比地球上更容易产生生命。科学家认为，许多神秘的疾病突然到来，使人类不能及时控制。但是这种疾病一时又过去了，原因是他们不适应地球环境，不能长久生存下去罢了。

彗星撞击地球假说有新证

6500万年前，一颗直径8千米的彗星以每秒70千米的速度和地球相撞，大爆炸将1700立方千米的碎石抛到了大气层中，空气中陡增的尘埃遮挡了阳光，致使植物、动物大批死亡，还造成一些物种（如恐龙）的灭绝。这个怵目惊心的假说是诺贝尔奖获得者阿尔瓦勒兹父子在1982年提出的。

1990年，科学家们在海地发现了大量彗星与地球相撞爆炸的堆积物。经过进一步寻觅，科学家们发现在墨西哥尤卡坦半岛1100米厚的石灰岩下，埋藏着一个直径180千米的巨大环形盆地，它的中心在半岛北部的奇克休卢镇，沿墨西哥湾扩展。

最近在弗拉格斯塔夫召开的天文学大会上，科学家们对阿氏父子的假说补充了新内容：很久以前，一颗巨大的彗星飞经太阳时发生爆炸，彗星的碎块沿着原轨道继续运行。约在距今6500万年前，当地球经过该彗星的轨道时，和其中最大的一个碎块相撞，引起大爆炸，恐龙等物种因此灭绝。两年后，地球再次碰到彗星尾部，和一小碎块相撞，第二次撞击的爆炸点在美国衣阿华州的梅森城，那里有一个众所周知的坑口，直径35千米，经考证，其形成年代正好在6500万年前。

1682年，哈雷彗星回归地球时，在德国的马尔堡有只母鸡生下一个蛋，壳上布满星辰花纹。1758年，英国霍伊克乡村的一只母鸡生下一枚蛋壳上有彗星图案的蛋。1834年，哈雷彗星再次在苍穹出现，希腊科扎尼一个名叫齐西斯·卡拉斯的人家里，有只母鸡生下一个"彗星之蛋"。1910年5月17日，当哈雷彗星重新装饰天空时，在法国再次出现这种怪蛋。这一系列"彗星蛋"事件，迫使科学家深思与回答。前苏联生物学家亚历山大·涅夫斯基认为："二者之间也许和免疫系统的效应原则，甚至和生物的进化是相关的。"

为了得到1986年的彗星蛋，早在1950年，前苏联科学界便在国内联系了数以万计的农民，法国、美国、意大利、瑞典、波兰等20多个国家建立了类似的调查网络。1986年，意大利博尔戈的一户居民家里的母鸡果然生下一枚彗星蛋。

地球上的“天高地厚”

天究竟有多高？目前人类已观察到30个银河系，查清的有3000多个星团，能看到的“太阳”有10万亿颗，最远的距离地球约有200亿光年。这就是目前人类知道的天的“高度”。

当然，随着科学技术的提高，会发现更遥远的星体，因此，“天”的高度也更大。

地有多厚？经过科学家们准确测定，人站在地球上的位置不同，有不同的厚度。你若站在极地，地的厚度是12714千米。你若站在赤道，地的厚度是12757千米，两地厚度相差43千米。

◎ 太空探险 ◎

　　"嫦娥奔月"曾经是古人太空探险最早最美好的理想。如今，人类已经登上了月球。现代火箭和宇宙飞船的发明，使太空探险成为现实，使人类最终走向宇宙成为可能……

第一个脱离地球的人

酷热高温，能严重摧残人的肌体，甚至导致死亡。

人能承受的极限高温是多少？这是一个需要用生命去冒险的实验，从另一个角度上说，进行这样实验的人，也就是呆在实验室里的探险者。

1961年年初，前苏联第一艘载人飞船"东方一号"准备升空。

为了适应人类一无所知的太空生活，宇航员们还必须进行极为严格的耐热能力训练。这种训练极为苛刻，目的是将他们身体的耐热极限不断提高。在一本名叫《轨道上生活》的书中，曾描述过宇航员尤里·加加林的耐热训练。

在一个封闭的小舱房中，一开始气温宜人，但10分钟后，加加林的脸上开始渗出汗珠，这时候温度已达到45℃。

随着温度的不断升高，周围的空气干燥闷热，鼻子和嘴粘膜发干。这位被关在舱内的宇航员，每隔10分钟，便透过小窗子看一下温度计，50℃、55℃、60℃……他不时用舌头舔擦嘴唇，否则随时有干裂的危险。

水银柱在继续上升，已经抵达70℃，这是一个"发烫"的温度，可以说在地球的任何一块地方，自然温度都不可能超过这个纪录。

这时，加加林感到血液在太阳穴处汹涌澎湃，好像在试验室里呆了一个世纪。但他看看手表，实验进行的时间还不到两小时。

严重的失水，使加加林产生阵阵眩晕，但他仍牢牢抓住坐椅把手，眼睛半睁半闭地注视着温度计。他心中默默地鼓励自己，我还可以忍受更高的温度，并努力回忆冰海和严冬时的情景，回忆令人神往的避暑港湾，就这样，他才渐渐觉得呼吸变得比较轻松，头脑也清醒了许多。尽管如此，加加林的全身感觉还是很难受，湿热的衣服紧贴在皮肤上，而且还隐隐感到灼痛。

加加林不知道还能支撑多久，但依然紧咬牙关。温度已升到80℃，唇干口燥，全身大汗淋漓，脸部皮肤被汗液中的盐分渍得剧痛。更强烈的眩晕向他袭来，他眼看就要昏倒，这时，加加林在恍惚中突然听到外面的医生通知他：

"试验结束了！"

加加林的精神顿时为之一振，快步走出实验室，原来白白的脸已变得酱红，但眼角却洋溢着胜利的喜悦。医生马上为他作全面检查，发现在这短短的两小时内，他的体重一下减轻了1380克。

通过这次耐热试验，加加林成为全世界第一个离开地球的人类，由此而揭开了人类奔向太空探险的新纪元。

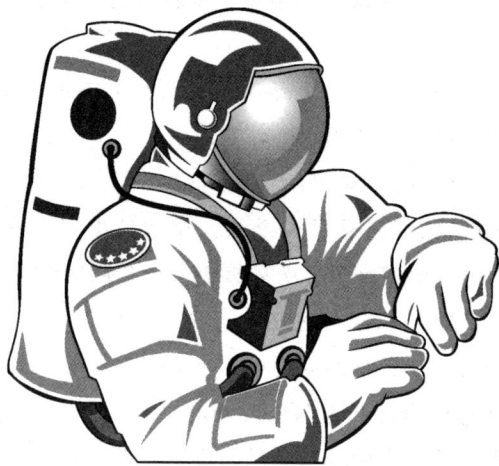

人类首次登月记

1960年，美国作出一个大胆决定，要在1970年以前，把人送上月球。于是，一大批科学家投入了这项人类伟大的探险计划。宇航员们开始了一次又一次地试飞。为此，几名宇航员在试飞中壮烈牺牲。近10年过去了，在进行了20次试验飞行后，正式的登月计划开始实施，启程日定在1969年7月16日。宇航员阿姆斯特朗、奥尔德林和柯林斯三人为登月飞船"阿波罗"号乘员。阿姆斯特朗为指令长。

启程的这天早晨，大约一百万人来到肯尼迪角，观看巨大的月球飞船的发射。他们是从美国各地和全世界80多个国家赶到这儿来的。

巨大的月球飞船昂首朝天，作好了飞行准备。6时30分，三名宇航员升到流动发射架的高塔上，走进飞船舱内。

指挥中心的四千多名科学家、工程师紧张地工作着。

最后的试验和准备工作全部完毕。

时间是9点30分，航行即将开始。

阿姆斯特朗、奥尔德林和柯林斯静静地卧在他们的躺椅上，等待起飞。

全世界，千百万人焦急地注视着电视屏幕。

最后10秒钟的逆计数开始了。十……九……八……七……六……五……四……三……二……一……发射！

一声巨响，月球火箭射向天空，如雷的巨响几乎要震破人们的耳膜，房屋都震动了。等了整整一夜的人们兴奋得挥手喝彩。数不清的声音高声欢呼："飞上去了！飞上去了！"

月球火箭喷着橙色火焰和云雾爬向高空。

飞船内压力巨大，宇航员们卧在躺椅上看着仪器，感到很不舒服，他们得挺过这段难受的时间。火箭以每小时9600千米的速度直指长空飞升上去，冲出了大气层。在离地面64千米的高度，发动机熄火了，第一级火箭完成了它的使命，自动脱离了飞船掉落下去。第二级火箭立即开始工作，把飞船带到了160千米的高空，使速度增加到24000千米。

宇航员们凭着星座确定他们的方位，检查他们飞往月球的航道。他们要飞三天才能到达月球，所以，他们必须把"阿波罗"号的方向对准三天以后月球所在的位置。飞行航道的角度必须绝对精确，如果有丝毫差错，他们就永远到不了月球，也永远别想回去。

三个冒险家向地面的指挥中心报告了他们的工作情况，指挥中心于是下达了新的指令：冲出地球轨道，飞向月球！

第三级火箭立即启动，发动机启动5分钟后，把飞船速度提高到每小时40000千米，"阿波罗"窜出地球轨道，登上了前往月球的航程。

宇航员们在塑料袋里用水调匀了一些干粮，吃了到空间后的第一顿饭，虽然这些食物不鲜美，但他们心情很好，吃得津津有味。

阿姆斯特朗、奥尔德林和柯林斯在茫茫的宇宙空间飞行着，他们是这浩大无边的寂静世界里仅有的三个生命了。但他们不感到孤独，他们和地球上的亿万人在一起。设在世界各地的14个跟踪站和几艘轮船及几架飞机一直在跟踪飞船，密切注视着三位人类勇敢的登月先行者。亿万人都注视电视屏幕，注视着三位太空人。

三位宇航员不断地检查他们的方位和飞行航道的角度，不断纠正角度的偏差。他们还不断地和地面指挥人员进行无线电通话。每当宇航员吃饭的时候，地面的人就给他们读报纸上的新闻，他们很关心地球上发生了什么事。同时，他们也把自己的感受告诉地面人员。柯林斯描述了从飞船上见到的情况，他说："地球太好看了，许多国家都看得很清晰。太美了……美极了。"

起飞后的第三天下午，7月19日，"阿波罗"飞近月球。三位宇航员又进入一个新的紧张阶段，他们穿上宇宙服，准备进入月球轨道。电视摄像机开始工作，播送宇航员在飞船内操作的情况。

不久，"阿波罗"飞到月球的背面，飞船与指挥中心的联络立即中断，当飞船"看不到"地球的时候，就不可能进行任何无线电通讯。

飞船上的三位勇士独自在月球背面进行着困难而危险的工作——为了跟月球的引力平衡，他们必须让高速飞行的飞船减缓一些速度。他们首先必须把飞船掉过头来，然后在服务舱内点燃一台发动机，这台发动机必须不多不少正好燃烧6分钟。如果这台发动机发动不了，那飞船就不会进入轨道，而是退向地球返航；如果它燃烧时间超过了，飞船就会在月球表面上撞毁！

地面指挥中心的所有人员焦急地等待着飞船上传来的信号，然而月球阻隔了无线电波，也把阿姆斯特朗、奥尔德林和柯林斯与地球和人类隔开了。时间一分一秒缓缓流淌，指挥大厅里鸦雀无声，三位宇航员生死未卜。

整整二十五分钟过去了，突然，无线电传来奥尔德林那镇定的声音，他只说了两个字："好，好。""阿波罗11号"安全进入了月球等待轨道！

宇航员们第一次在近处看到了月面，他们欣喜地眺望窗外，向地球上的人们描述见到的情景。阿姆斯特朗报告说：月面呈深浅不同的灰色。不久，"阿波罗"飞越过他和奥尔德林即将着陆的地方，他说："那里看上去很幽暗。"

1969年7月20日，人类历史上一个难忘的日子，阿姆斯特朗和奥尔德林就要进行人类登月的首次尝试。他俩高兴地向柯林斯道别，爬进了登月舱。登月舱将载着阿姆斯特朗和奥尔德林脱离飞船主体，进行着陆。脱离主体后，登月舱的代号为"鹰"，飞船的主体称为"哥伦比亚"。"鹰"和"哥伦比亚"将分别与地面联系。在"鹰"登月时间内，柯林斯将驾驶"哥伦比亚"留在月球等待轨道上不断绕月飞行，等待"鹰"重新起飞后和"鹰"对接。

阿姆斯特朗和奥尔德林爬进"鹰"后，仔细地检查了所有的仪器和设备，然后按电钮放下登月舱着陆时用来支撑的四只脚。3分钟后，"阿波罗"又飞到了月球背面，通讯又中断了，他们又得独自完成拆离登月舱的危险工作。

地面人员心急如焚地盯着白茫茫的电视屏幕，等待着飞船的信号重新出现。突然，耳机里传来阿姆斯特朗的声音："'鹰'长了翅膀！"拆离登月舱顺利完成！

"鹰"脱离了"哥伦比亚"后开始下降，降到离月面16000米后，它开始绕月飞行，这是第一阶段。第一阶段对两位宇航员来说，不算太危险，如果出了麻烦，"哥伦比亚"会降下来营救他们。

阿姆斯特朗和奥尔德林又作了一系列检查和分析、判断，证明一切正常。于是，他们到了一个重大的关头：如果一按电钮，点燃下降发动机，那么以后再发生任何问题，人类对他们就爱莫能助了。两位冒险家义无反顾地按了电钮，点燃了下降发动机。顿时，"鹰"逸出圆形轨道，沿着一条漫长的曲线航道向月面靠近。

登月探险到了非常危险的时刻！阿姆斯特朗和奥尔德林目不转睛地盯着仪表，地面人员屏住呼吸盯着电视屏幕。"鹰"越来越接近月面，15000米……10000米……6000米…4000米……2000米……地面的飞行总指挥断然喊了一声："开始登月！""鹰"由计算机导航，迅速下降，直指月面！两位宇航员一时还无法从窗子看见月球。当"鹰"落到着陆点上空时，阿姆斯特朗才发现下面是一个巨石环抱的大坑穴，"鹰"将落在这个危险的坑穴中央。他立即进行操纵，用手制导。他以高超的技巧进行导航，使"鹰"躲开了岩石，避免了一次可怕的事故。

阿姆斯特朗和他的同伴发现7米处有块平地，决定在那里着陆。他们把速度降到每秒1米，"鹰"开始徐徐降下去。这又是一个生死的关头——"鹰"必须轻轻地以精确的角度着陆，要是降落稍有偏差，就可能折断一只着陆脚，登月舱就会侧向一面，那么他们就无法从月球上重新起飞，也没有人能去营救他们！

阿姆斯特朗向地面报告："我们下降得很好，75英尺……50英尺……40英尺……30英尺……我们开始沾上了一些尘埃……"

舱内的一盏绿灯突然亮了！奥尔德林叫道："接触了！"阿姆斯特朗立即关闭了发动机，登月舱轻轻地降落在月面上。在全世界各个角落焦急地等待着的人们都深深地呼出了一口气。这是一个伟大的时刻，人类登上月球的梦想终于实现了！

此刻，阿姆斯特朗和奥尔德林却没有丝毫如释重负的感觉，对他们来说，仍处在极其危险之中，他们必须确定：呆在月面上有没有危险？"鹰"受到损伤没有？登月舱的站立角度是否正确？如果有任何差错，他们都必须立即起飞返航。他们仔细地做了一系列检查，向地面报告了情况，指挥中心终于准许他们在月面上逗留。

两位探险家准备做下一件大事——登月步行。他们向窗外了望，仔细观看月面奇景。

月球完全是一个灰色的世界，没有树，也没有草，连生动的影子也没有。太阳一动不动地悬挂在黑天鹅绒般的月球上空，照耀着无声无息、荒凉寂寞的月球。这里的白天和黑夜各长达两个星期，太阳在空中走得很慢。所以，这里是一个死亡的、凝固的世界。

奥尔德林向指挥中心报告："我们这个地区的岩石相当多，形状各异，大小不同。从我这个窗子几乎可以看见各种奇形怪状的小岩石。"他们还看见无数的坑穴，大多数直径一米左右。

两位冒险家此刻激动不已，急着想跨出登月舱。地面指挥中心要求他们登月步行前必须睡一会儿，因为他们实际上很疲劳了。可两人这时都感到难以入眠，他们请求准许他们提前开始步行。

指挥中心终于同意了他们的要求。他们吃了一点东西：这是人类在月球上的第一顿饭。然后，他们又加上衣服，保护自己免受太阳热辐射线和可能遇上的细菌的侵害，并且背上贮氧器和其他装置。在他们着陆6小时15分钟以后，两位探险家打开了舱门。

天空黑沉沉，月面上却阳光灿烂。阿姆斯特朗极力想发现一点活动的东西，或者一些低等的生物。没有，没有飞鸟，没有昆虫，没有苔藓、地衣，遍地是尘土、岩石，真是一片不毛之地。但是，阿姆斯特朗说："月球看上去很友好。"于是，他穿着笨重的宇宙服费力地走出舱门，准备走下扶梯。下扶梯很困难，在没有空气的情况下，他的手和脚全都失去了触觉。连扶梯的梯级都感觉不到。奥尔德林站在门口看着他，指点他如何走。阿姆斯特朗小心翼翼地走着，足足走了20分钟，他才走到了最低一级。他的心怦怦地跳，稍停片刻，他跨出最激动人心的一步，踩到了月球上。他说："这是人的小小的一步，也是人类的一次巨大的飞跃。"

奥尔德林也下来了。两人试图在月面上行走。最初的几步试走简直令人发笑。他们几乎处于失重状态，缺乏平衡感，不知道自己的脚会把他们带到哪里，像醉鬼一样跟跟跄跄。

他们发现月面坚实可靠，抬起脚，可以看见尘土上留下了脚印，脚印浅浅的，只有几毫米深。两个胜利的探险者拣起几块小石子，扔出去，看看有什么结果。石子像球一样蹦到空中。

阿姆斯特朗和奥尔德林像两个幽灵一样在这个神秘莫测的世界里似飞

似走地飘行着。他们搜集了一些岩石和尘土样品，每一块岩石都拍了照，然后放进各种样品袋里，再装进铝盒，准备带回地球。他们还在月球上架起了三项科学实验装置：一台"月震仪"，一个"激光反射器"。这两样东西将永久地留在月球上，供地面的科学家研究月球。"月震仪"将月球内部的任何震荡通过电波传向地球；"激光反射器"将把光束反射到地球，使科学家借此光束测出地球和月球之间距离的细微变化。第三项设备是捕捉来自太阳的气体，它将被带回地球，供科学家分析。

两位探险家在月面上走了2小时31分钟。他们爬回"鹰"里，关上舱门。他们感到筋疲力尽。两人吃了一顿饭，准备睡上几小时，然而登月舱很小，没有床，他们只好蜷缩在地板上打盹。

两名宇航员在月球上生活了21小时36分钟。在此期间，在110千米的高空，柯斯林独自在"哥伦比亚"中绕月飞行。这期间他一定是全世界最孤独的人。

阿姆斯特朗和奥尔德林即将离开月球回到"哥伦比亚"。起飞与降落同样危险，也许甚至更加危险——用来发射"鹰"的只有一台小型火箭发动机。它要把登月舱射出月面，带到两万米高空，然后把它推入月球轨道；如果发动机出了毛病，两人就只能死在月球上，人类无法营救他们，氧气一用完，他们就完了。

地面"指挥中心"下达了起飞的命令。指挥人员个个焦急不安，有的人额头上渗出冷汗。奥尔德林镇定地读着逆计时的最后几位数字："……五……四……三……二……一"阿姆斯特朗按下了电扭，登月舱发动机启动了。

"鹰"立即开始起飞，把它的底部、支脚和钢板都留在了月面上。"鹰"越飞越高、越飞越快，最后，顺利地进入了月球轨道。"太好了！"奥尔德林欢呼起来。几千名地面人员也拭去脸上的汗水，欢呼起来。

"鹰"与"哥伦比亚"在月球等待轨道会合，经过一番周折，终于实现了对接，又组成了一个整体——"阿波罗11号"飞船。他们完成了使命，可以返回地球了。

7月22日，三位宇航员进入了漫长的归途。返航决不意味着大功告成，在他们的六只脚没踩到地球上之前，始终是危机四伏，稍有差错，便会前功尽弃！他们谨慎地扔掉了登月舱，将它抛弃在宇宙空间，虽然他们很舍不得，但为了安全，所有用不着的东西都得放弃。

他们恋恋不舍地与登月舱分手了，然后准备逸出月球轨道。这又是一个危险的时刻——要是飞船的发动机失灵，它将继续这样绕月球飞行，永远也回不了地球。结果还顺利，发动机运转正常，它把飞船抛出轨道，抛向地球。

三人又紧张地飞行了60小时。当"阿波罗"接近地球的时候，他们又抛弃了服务舱，然后掉转指令舱，使它底部的防热层指向地球。飞船以每小时4万千米的速度冲向地球。他们紧张起来，仔细检查了飞行航道的角度，减低速度，准备进入大气层——这是全部航行中最危险的时刻！飞船与大气层高速摩擦，会产生巨大的热量，足以烧毁一切，连巨大的流星体在穿过大气层都化为灰烬，那小小的飞船如果失控，转眼间将会熔化得连青烟都不冒！

此刻，"阿波罗"和指挥中心的无线电联系中断了，指挥大厅一片寂静，工作人员都心急如焚地等待着，人人都在心里念叨着：宇航员们是不是都平安无事？飞船会不会已经化为灰烬？

过了3分30秒，遥远的天边出现了一道红光——"阿波罗"飞船！过了一会儿，指挥中心听到了宇航员的声音："我们很好。"

着陆降落伞打开了，飞船下降速度降到每小时35千米。"阿波罗"徐徐降下，降落到海里。"阿波罗"飞船航行100万千米，回到地球的时间只比预定时间晚10秒。

美国"大黄蜂"号航空母舰正在20千米外等待着，舰上两架直升飞机飞往溅落区域，把潜水员投入海中。他们游向飞船，给它围上一个巨大的橡皮圈，使它浮出海面。一个潜水员打开舱门，把防菌衣递给了宇航员们。三名宇航员穿好防菌衣，爬出飞船，坐在一只橡皮艇中等待着。不一会儿，一架直升飞机把他们带到"大黄蜂号"航空母舰上。欢迎的人群齐声欢呼，乐队高奏凯旋曲，总统尼克松主持仪式欢迎凯旋勇士。

人类首次伟大的登月探险，圆满成功了！

献身航天的"嫦娥"

对于太空来说，是不分国籍的，这里说的"嫦娥"是一位美国女宇航员的故事，她的名字叫沙伦·克里斯塔·麦考利夫，她用自己的生命，谱写了一曲航天悲歌。

少女时代的克里斯塔梳着两条小辫子，一双深褐色的眼睛露出几分灵气，脑子里总是充满着各种幻想，尤其是对太空的向往。她小小的房间里摆满了各种与宇航员有关的杂志，另外她还有一本厚厚的剪贴本，里面收录了每个宇航员的生平、照片。她迷恋这个令人羡慕的职业，然而她做梦也没想到自己会成为一名宇航员，离开地球去太空探险。

1984年8月，美国总统里根签署一道命令，将在全美国所有的中小学中挑选一名最优秀的教师作为空间计划史上的第一位公民乘客。克里斯塔的丈夫史蒂夫·麦考利夫在上班的路上得知这一消息，简直不敢相信自己的耳朵。他马上想到了克里斯塔，他太了解她了。这天，他提前下班飞速地赶回家。

克里斯塔期待地望着他，她已知道这个消息，但作为妻子又怎能离开他和两个天真可爱的孩子呢？不料，史蒂夫却说："机会难得，抓住它，去试一试吧！"克里斯塔感激地看着丈夫，心里充满了惊喜。

第二天，克里斯塔乘飞机到达休斯敦。在宇航局大楼前，已排起了长长的队伍。看着许多人那自信的神态，职业栏里那辉煌的过去：医生、作家、体育明星、演员……克里斯塔有点胆怯了。她环顾起大厅的周围，一些著名宇航员的巨幅照片挂在墙上，这时，从小的梦想又开始激励着她。在11000名应征者中，她出色的回答给主考官们留下了深刻的印象。结果，她和另外113人一起闯过了第一关。机遇属于那些有思想准备的人，它引导克里斯塔一步一步跨入胜利的大门。最后剩下的10名候选人中，克里斯塔仍然在内。8天后，这10人在休斯敦的约翰逊航天中心进行了最后一道严密的测验，考官对他们的力量、神经、心理、空间定向力障碍等方面进行测定后，把他们带上一架被称为"呕吐彗星"的KC-135喷气飞机。技术高超的飞行员一下子把飞机拉到十几千米高空，然后一连串的筋斗，每次在筋头的顶点能产生短暂的零失重现象，这时他们在空中飘了起来，克里斯塔从机舱的这一头飘到那一头，惊异神情令人好笑。最终，克里斯塔实现了她的理想，通过了所有项目的考试，当选为第一名美国公民乘客。

美联社把这一消息传到每一个角落，克里斯塔年过花甲的双亲和年幼子女在电视上看到这一新闻后高兴极了。康科德市则沸腾了，克里斯塔的同事们互相拥抱，学生们欢呼，克里斯塔给他们带来了荣誉。第二天傍晚时分，市民们在广场等候克里斯塔的到来。克里斯塔在丈夫和孩子们的陪同下，向欢乐的人群挥手致意，市长向克里斯塔表达了康科德市的感激之情，并赠送了一面微型市旗。克里斯塔激动不已，用颤抖的声音说："我曾以为我被选上的时刻是最激动人心的，但与今夜相比又算得了什么呢？……我是一名教师，我展望未来……"克里斯塔含着激动的泪花正要离开讲台时，市长交给她一根指挥棒，康科德市乐队奏起了《星条旗永不落》，这一天成为克里斯塔·麦考利夫日。

克里斯塔经过12个月训练后，准备和另外6名宇航员一道乘"挑战者号"遨游太空。那天，史蒂夫带着孩子来到肯尼迪航天中心看望克里斯塔，给她很大的鼓励："重要的是不要半途而废。"克里斯塔深深记住了史蒂夫的话。

1986年1月27日拂晓，天空万里无云，克里斯塔一行7人乘电梯进入航天飞机座舱。突然，天空刮起了强劲的东北风，克里斯塔平躺在座椅上，宇宙服里插满了输氧气的管线，裹得紧紧的，几个小时过去了，既不能看书又不能交谈，但她还是通过耳机告诉她的学生有关推迟发射的情况，最后由于气候原因，宇航员被告知推迟发射。

第二天早晨7时20分，克里斯塔一行7人听完最后一次简报后，在机长迪克·斯科比带领下，再一次登上"挑战者号"航天飞机，他们向送行的人群挥手致意。史蒂夫看着渐渐远去的妻子，心里闪过一种难以言状的感觉。

上午11时38分1秒，"挑战者号"航天飞机点火升空，然而，意想不到的事情发生了，72秒后航天飞机突然爆炸化作一团火球，全世界几十亿观众目睹了"挑战者号"航天飞机失事的情景，不少人在电视机前失声痛哭，美国国会降下半旗致哀，美国总统白宫也降下半旗，全国处于一片悲哀之中。克里斯塔的宇宙服里还藏着史蒂夫赠送的戒指和儿子的小玩具，但她永远地消失在空中了

28日那天，她的丈夫、儿女和父母都到现场去观看了飞行，而她所在的康科德中学的学生则守在电视机旁，等待着他们的老师……他们兴高采烈地议论着老师这次历史性的航行。当"挑战者号"发射时，学生们兴奋地欢呼起来，情不自禁地为自己的老师鼓掌……可是，不幸的事发生了。最初，他们几乎同时叫："这绝不是真的！……"后来，在一片寂静过后，他们放声大哭，装有电视机的学生自助食堂顿时变成了自发的追悼会，哭声不绝于耳。

"挑战者号"爆炸后三天，康科德中学的1400多名学生、教师和历届校友聚集在学校操场的草坪上，悼念克里斯塔。一位退了学的学生悄悄地来到校长室要求复学，说这样做克里斯塔会高兴的；一位文静的女学生在讲台上朗诵了一首《高高飞翔》的诗。诗是--名参加加拿大皇家空军的美国青年写的，克里斯塔曾一直将它珍藏在自己的衣服里："展开探险的翅膀，挣脱地球的羁绊，脚踏天空神圣不可侵犯的尊严，心地泰然，宁静地伸出手去，抚摸上帝的脸庞。"

美国教育部部长还发表讲话，他希望学生们要为教师克里斯塔而自豪。里根总统也表示，今后的航天飞行将有"更多的志愿者，更多的平民，更多的教师"。曾经参加过宇宙飞行的参议员杰克·加恩说："要探险就难免会有牺牲。如果需要，我愿意明天再次升空。"

泰坦星——人类的新家

人们常常喜欢谈论人类登月和火星之行，实际上，在太阳系中人类还可能有第三个去处，即土星的卫星泰坦星。

泰坦星具有丰富的人类生存所必需的各种元素，其大气层中，90%的氮，6%的甲烷，剩下4%是氧。大气压力是地球大气压力的1.5倍，由于其表面温度为-173℃，所以其大气密度是地球海平面大气密度的4.5倍。泰坦星上的重力是地球重力的七分之一，风速不大。所以许多科学家认为，泰坦星是太阳系中最适宜人类居住的一个星球，而且认为，该星球目前的生化状态同地球生命进化初期的状态十分相似，一切都处在超冷环境中。尽管泰坦星上可能从未有过生命，但在其表面的大气层中存在着大量丰富的生命史前期有机化合物，这便是人类或地球其他生命生存的基础。

登月时的异常信号

"阿波罗11号"在执行计划期间，阿姆斯特朗在回答休斯敦指挥中心的问题时吃惊地说："……这些东西大得惊人！天哪！简直难以置信。我要告诉你们，那里有其他的宇宙飞船，它们排列在火山口的另一侧，它们在月球上，它们在注视着我们……"到此，无线电播音突然中断，美国地面无线电爱好者也只抄报到这里。那么，阿姆斯特朗看见了什么呢？美国宇航局再没有解释。

"阿波罗15号"飞行期间，斯科特和欧文再度踏上月球的土壤。在地球上的沃登十分吃惊地听到（录音机同时录到）一个很长的哨声，随着声调的变化，传出了20个字组成的一句重复多次的话，这陌生的发自月球的语言切断了同休斯敦的一切通讯联系。此事至今还是一个未解开的谜。宇航员柯林斯曾独自在月球轨道上飞行，他见到的一些月面痕迹使他大为吃惊。迄今为止，没有解释。

宇宙的"价格"

　　航天学奠基人齐奥尔科夫斯基曾经讲过一句鼓舞人心的话："地球是人类的摇篮，但是人类不能永远生活在摇篮里。"

　　怎样飞往太阳系中的各个星球乃至飞出太阳系，已成为世界宇航学家关心的一个重大课题。但是与此同时，许多人对庞大的宇航支出感到十分担心。

　　据统计，美国第二个宇航员约翰·格伦在轨道上待1分钟要花费168万美元，而那次在1962年进行的飞行共持续了3小时又56分钟，共耗费39648万美元。

　　"阿波罗12号"上的乘员在月球上每秒钟要花费3万美元。那次飞行中，宇航员在月球上共待了2小时40分钟——9600秒，因此美国人从月球带回地球的33千克月岩标本的价格应为28800万美元。

　　1958到1972年，为开发宇宙，美国政府拨款630亿美元，而在整个越南战争期间，美国共支出军费1200亿美元。根据粗略的统计，美国国家宇航及宇宙研究局的开支要占美国人饮酒耗费的三分之一，占吸烟支出的二分之一，但是宇航活动给人们带来的实际利益，现在看来并不明显。

　　因此，至今在美国，对要不要开发宇宙，对宇宙开发投资数量的多少还存在着严重的分歧。

太空的"交通秩序"

自1957年10月4日前苏联的第一颗人造卫星上天以来，已有9000多种人造物体重返大气层，其中绝大多数像流星一样在到达地面前化为灰烬。但也有一些落回地面而造成恐慌。

1979年，一艘正在日本海航行的日本货轮被卫星残骸击中，5名船员重伤。

卫星残骸骤从天而降固然令人担忧，但它们同成千上万在太空中漫无目标飞行着的宇宙碎片相比，就小巫见大巫了。

根据科学家的计算，目前在外层空间轨道上飞行的体积比苹果大的物体约5400个，其中除二三百个仍在工作的卫星外，主要是在空间撞击和爆炸后留下的卫星残骸和宇航员们留在空中的废弃物，如食品容器、氧气罐等。

另外还有4000万个鸡蛋大小的物体碎片和估计10亿个以上大大小小的物质颗粒。

它们尽管体积很小，但也像地球卫星一样在空间轨道上占一席之地，它们飞行速度极快，随时准备与"敢于进犯者"同归于尽。迄今至少有三颗人造卫星同在空间漂浮的小物体遭遇而粉身碎骨。

随着空间科学技术的发展，绕地球轨道变得越来越拥挤，这使科学家们感到头痛，整顿太空"交通秩序"已成为日益紧迫的问题。

太空的坟墓

　　清明节，家人都要去坟墓。至今坟墓一直是在地球上，然而，有朝一日能否把坟墓移到天空呢？

　　在美国，幻想已成现实，"太空坟场"出现了。有一对美国夫妇，在1986年先后去世，骨灰盒原寄存在殡葬馆中。正是这一年，美国成立了天葬公司。这是美国殡葬经纪人、美国宇航局和航天中心的退职人员联合组建的。公司成立后，便和美国宇航局肯尼迪航天中心签定了合同。于是该夫妇的子女便申请了卫星天葬。

　　所谓"天葬卫星"，是人造卫星的一种。这颗卫星专门装置死人骨灰，然后把该卫星发到离地面3000多公里的环球高空轨道上运转。

　　卫星在太空可运转一万年，因而人的骨灰在升天后真的能做到"万寿无疆"了。

　　1986年美国第一颗天葬卫星发射了，载着几千盒骨灰，已经进入了太空轨道运转。

　　据说，目前日本、西欧、东南亚等的一些家庭，纷纷向美国天葬公司申请卫星大葬。天葬骨灰盒为一圆筒形，直径1厘米，长5厘米，由钛合金或镁合金制成。圆筒表面刻有死者姓名、年龄、生卒日期以及家属姓名，还可以刻上遗嘱。

　　当卫星入轨之后，用望远镜可看到卫星在太空运行的情形。因此今后扫墓只要拿起高倍望远镜，即可看到天葬卫星的运转，借以寄托人间的哀思。

◎ 飞碟之谜 ◎

　　飞碟和"外星人"之谜是人类至今仍未探
明的不解之谜。当人类到了已能进入太空的时
代，"茫茫太空寻知己"的心情便更为迫切
了！

不明飞行物——UFO

飞碟，又名UFO（英语Unidentifide Flying Object的缩写），意思是不明飞行物。现在，世界上声称看到飞碟的人越来越多，连美国前总统卡特也说看到过飞碟。仅在30年的时间里，美国空军有关部门已收集到三万多篇关于飞碟的报告。

事实上，飞碟之谜很早就有。我国宋代科学家沈括的《梦溪笔谈》中就有类似记载。据书中《异事》第三六九条记述，北宋嘉祐年间（1056-1063），有一状若明珠的不明飞行物，屡屡出没于江苏扬州、天长一带的湖泽中，达十余年之久。在中世纪及近代的欧洲，类似传闻也很多。

到了20世纪，关于飞碟的故事就更加离奇了。第二次世界大战期间，在同盟国的轰炸机群中，经常有一些不明国籍的飞行物穿梭来往，引起盟国飞行员的极大恐慌。后来，人们发现这些飞行物并无敌意，这才放下心来。当时人们把这些不明飞行物叫做"胡来飞机"。

1977年4月25日在智利和玻利维亚交界处发生了一桩古怪的事。当时，智利边防军士兵巴尔德和战友们正在巡逻。突然，发现不远处停着一个发出刺眼强光的巨大圆形金属物。巴尔德也随之失踪。15分钟后，巴尔德又神秘地出现了。他神色惊恐，喘息着喊了一声"她们（女人）"，便人事不知了。奇迹再次发生：失踪仅15分钟，巴尔德手表上的日历已指到4月30日；刮得干干净净的脸上在15分钟内竟长出了3厘米长的胡子。巴尔德究竟看见了什么，他醒后全无记忆。

据报道，飞碟有上百种，大多数呈碟形、蛋形、椭圆形、圆柱形、球形。大小也不一样，小的直径只几十厘米，大的直径竟有200米。很多人相信飞碟是确实存在的。不过，反对者也大有人在，他们认为所谓飞碟不过是人们的幻觉，目击者看到的可能是天空中的流星、气球、探照灯在云彩中的反射或火箭等；一些生物学家则认为飞碟可能是一些昆虫群。但是，许多专家在对大量目击事件进行了鉴定之后，认为除大部分与外星人无关外，其中仍有相当多的事件是无法解释的。

20世纪以来，世界上许多国家陆续成立了专门机构对飞碟进行研究，其中热情最高的是美国。美国当局曾怀疑飞碟是其他国家的秘密武器。在20世纪40年代末期就开始对它进行秘密研究。但是研究过程中，由于美国空军当局对飞碟事件抱有偏见，总是力图推翻飞碟是"天外来客"的看法。研究几经曲折，并无结果，最后不得不草草收场。

美国空军的偏见并没有减少公众对飞碟的热情。目前，全世界包括美国，都在关注着飞碟。世界各地拍摄的飞碟照片已经有132种之多。我国的飞碟爱好者在20世纪80年代初，也成立了有关的研究组织。人们期待着飞碟之谜能够被早日揭开。

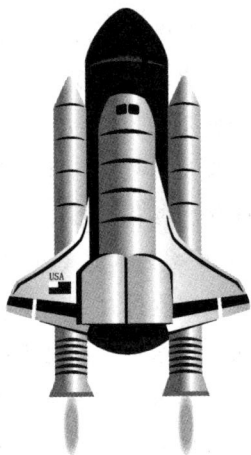

悬而未决的"外星人"之谜

在广漠的宇宙中，除了地球人以外，究竟有没有外星人存在？如今再没有什么比这个问题更让人着迷了。大家知道，只要宇宙中存在类似地球环境的星球，外星人是很有可能存在的。

据天文学家估计，仅在银河系中，约有100万颗条件类似地球的星球，它们或者是行星，或者是行星的卫星。

不过，我们至今还未发现外星人的踪影。人们怀疑许多不明飞行物和外星人有关，但这仅仅是猜测而已。科学家认为，在火星或其他卫星上可能存在低级生命，但至今也未找到确凿证据。

1924年8月的一个夜晚，美国海军曾接收到一种来历不明的电波，类似的情况在此后几十年里不断发生，科学家们几乎可以肯定这些电波是来自宇宙空间的。

半个多世纪以来，人们一直在试图用无线电波和外星人取得联系。1974年11月14日，美国天文学家从波多黎各宇宙探测天文台向武仙座梅西尔13号球状星团发出问候信号："HELLO。"这个星团离地球2.5万光年，如果那里真有"人"的话，那我们也要在5万年以后才能收到他们的回音。

人类已进入太空时代。驾驶宇宙飞船去访问星际空间，正从梦想变为现实。1977年8月和9月间发射的"旅行者1号"和"旅行者2号"宇宙飞船上，各携有1张唱片，录有用60种语言讲的问候语，还有116幅描绘地球上风土人情的编码图片，35种地球上的自然音响，27首世界名曲。这当中有我国万里长城的照片，有用广东话、厦门话和客家话说的问候语，还有一首中国古曲"高山流水"。

在唱片中，还有当时美国总统卡特签署的给外星人的电文以及当时联合国秘书长的讲话，他说："我们走出我们的太阳系进入宇宙，只是为了寻找和平和友谊。"地球人渴望找到来自外星的知音，但结果如何，至今还是一个谜。

给"外星人"看"勾股定理"

1977年8月和9月，美国先后发射了两个空间探测器："旅行者1号"、"旅行者2号"。这两个无人探测器主要是去观察木星和土星，同时负有探索空间生命的任务。现在，这两个探测器已飞出太阳系，开始了它们漫长的星际遨游。

这两个探测器各自带着一张镀金铜板声像片，还有一枚金钢石唱针，可以保证10亿年后仍能放出声音和图像。那张声像片上录制的声音包括60种不同语言的问候和地球上多种不同的声响。画面共有116幅，包括银河系在宇宙中的位置、太阳、地球、海洋、河流、沙漠和中国的长城，地球上的人种，其中还有中国人用筷子吃午餐的场面……在这些图画中，还有一幅很特殊的图形，它显示的是"勾股定理"。

有人认为，勾股定理的发现，是科学史上的十大发明发现之一。因为在科学的许多领域中，有不少事件与这条定理有关。因此，给外星人带去这个图形，可以很典型又很形象地向外星人展示地球人在几何学方面的智慧。

那么，通过无人空间探测器给地球外的外星人带去的这个科学史上十大发明之一的信息，外星人能看得懂吗？

很多科学家们认为，地球外倘若存在智慧生物——外星人，他们应该已经掌握了数学。那么，上面这个将数和形结合在一起的图形，已经说明了"勾三股四弦五"的道理，将是沟通科学思维的最好媒介。但也有的科学家认为，外星人究竟是否存在还有待证明，即使存在，其智慧就一定比人类高级吗？因此，这个图形外星人看懂看不懂，还不好说。

通古斯上空的蘑菇云

1908年6月30日上午7点15分，在西伯利亚中部的贝加尔湖西北800千米的通古斯——一个人烟稀少的原始森林上空，发生了一场猛烈的爆炸。这次大爆炸不仅给当地居民造成了损失，也给人们留下了一个难解的谜。

据目击者说，爆炸时空中升起一个比太阳还要亮的火球，周围一切可以燃烧的东西都被点燃了。巨大山林顷刻被毁，林中动物荡然无存。

浓烟裹着大火像喷泉一样冲到20千米的高空，形成一个巨大的蘑菇云。紧接着是一阵猛烈的爆炸。

爆炸产生的冲击波使方圆30多千米内的树木几乎全部连根拔起；冲击波形成的飓风把周围几百千米内的马匹、房屋席卷一空。

爆炸声一直传到1000千米远处。爆炸过后，西伯利亚、欧洲以及非洲北部一些地区接连出现了3天白夜。

最初人们以为爆炸是由大陨石落地引起的，但始终没找到陨石落地的坑。这使得这次爆炸变得神秘莫测。

当1945年美国在广岛投下一颗原子弹后，参加调查通古斯事件的科学家惊异地发现，通古斯爆炸和广岛看到的有惊人的相似之处。

那么通古斯爆炸会不会是一次核爆炸呢？科学家测定了土壤和植物中的放射性物质含量，发现爆炸中心的含量比距中心30多千米处高出近2倍。

这似乎是一个证据，但在1908年，地球上根本没有原子弹！

1946年，前苏联科学家卡扎切夫指出，通古斯大爆炸是从火星附近飞来的核动力宇宙飞船失事造成的。这在世界上引起了强烈反响。虽然现已探明火星上并不存在高级生物，但"天外来客"的观点愈演愈烈。

事实上，人们确实能够找到一些证据来支持这种观点。比如，有人研究了爆炸前出现的一个不明飞行物的飞行路线和速度，认为它是沿着一条由南向东然后向西的路线飞行的。一般无"人"驾驶的飞行物不会有这样奇怪的路线。

并且，它的速度和现代超音速飞机不相上下。20世纪五六十年代人们继续调查发现，爆炸中心区的土壤中有许多直径几毫米以下的小颗粒，据推测很可能是一艘宇宙飞船的残渣。

从爆炸发生至今，科学家们曾提出过一百多种假设，试图弄清通古斯爆炸的原委。但仍然是众说纷纭，莫衷一是。

宇宙探索

"外星人"跳海之谜

波兰的格旦尼港是一个美丽的港口。这里桅樯林立,汽笛声此起彼伏,显出一派繁忙的景象。

这天,天气十分晴朗,大海上无风无浪,像一块深蓝色的绸缎。一艘停泊在港口的苏联货船上走下来几个年轻的水手,他们大概是第一次来波兰,说说笑笑地边走边游览海港的迷人景色。

突然,其中一个水手指着不远处一艘停靠着的船喊叫道:"有人跳水啦!有人跳水啦!"

他的几个同伴急忙抬头去看,却没来得及看到跳水人,不过,他们都同时感觉到眼前晃过一个亮晶晶的东西,那东西显然是坠落到大海里去了。

那个首先看到跳水人的水手肯定自己没有看错,凭记忆,跳水者好像是一个身材并不高大的人,身上好像镶着一些闪闪发光的东西。

于是这几个年轻的水手一齐冲到出事的地点,其中两个性急的马上脱下了衣服,跳入水中就去救那个寻短见的人。

他们的水性相当好,但沿着落水的地方潜游了好一阵了,也没有摸到那个人的尸体,最后只好失望地爬上了岸。可水手们还是不肯罢休,又一起跑到电话亭里向港口警察署报告了情况。

五分钟过后,一辆小车带着几个潜水员来到现场。根据水手们的反映,这个跳水者与众不同,这才引起了警察署的兴趣。

经过潜水员半个小时的打捞,一无所获。当他们回到岸上时,其中一个潜水员手里举着一块亮晶晶的东西,从外表看,是一种金属。警察将这块奇怪的金属片似的东西送到了有关科研部门去作鉴定,但经过多种化学分析,还是无法断定这究竟是什么东西。

奇怪的落水者事件见诸报端后,立刻引起了人们的极大兴趣,不少人更关心从水底捞起来的这块金属片。人们众说纷纭，认为是外星人留下的遗物。

正当街头巷尾在谈论这件事情的时候，又一件怪事在格旦尼港发生了。

这天，港口的一个青年工人骑着摩托沿海滨的一条小路回家去。车行驶了几千米后，他忽然发现前面海滩上躺着一个人。他驱车上前一看，那人似乎是被海水冲到浅滩上来的，仔细上前看时，发现这个人被一层金属质的外壳包裹着，看不清他的脸面。

青年工人想起了前几天报纸上有关那个奇怪的跳海者的报道，心想可能这个人和此事有关，便把他拖上海滩，放在自己摩托车的后架上，然后送进了警察署。

这件事立刻震惊了警察署里的全体人员，他们都想看看这个奇怪的跳海者，然而，谁也无法解开他身上套着的这件金属外衣。后来经过法医和有关专家的研究，决定用大铁剪把他的外壳剪开。

人们把这个人抬到一张大桌上。他的身体重量远远超过一般人的体重，尽管被人搬来弄去，他仍然昏睡不醒。

大铁剪拿来了，却无法下手剪。最后费了好大的功夫才在这件外衣上弄出了一个洞，才把剪刀头插进去。

这件衣服实在太坚硬了。大铁剪艰难地，一厘米一厘米地朝前移动，拿剪刀的人，手掌疼得吃不消，一个个轮流着换。足足用了一个小时，终于从头至尾地把这件金属外套剪开了。

当套子里的人呈现在人们面前时，在场的人全都惊得不知所措。这是一个非人非兽的怪物：头部硕大，长着一对青蛙似的凸眼睛，眼睛由于昏睡而紧闭着，没有鼻孔，只有两个微小的出气孔，嘴巴也与青蛙相似。更奇特的是全身长着闪闪发光的鳞片状的皮肤，而四肢却呈鳍形。

在场的生物学专家从他身上取下一块"鳞片"，发现与前几天潜水员从海水中捞出来的东西完全一样，这证明那个奇怪的跳海者就是眼前这个怪物。

他为什么要跳海？他身上的金属外壳是怎么回事？他是地球上未被人类认识的怪物还是来自外星球的生物？……一连串的疑问在人们的脑海里回旋。

正当人们迷惑不解的时候，更奇怪的事情发生了。一天下午，天空中突然出现一只环状的飞行物，它缓缓地飞近警察署的大门……于是，那个怪物便从此消失了……

这件事发生在1959年2月21日至28日。

"杀牛不见血"之谜

在美国北部的蒙大拿州，有许多一望无际的大牧场，这儿人口很少，但牛很多。人们饲养牛，其中有奶牛，也有食用牛，经济收益很高。可是，忽然有一天，牧场上一下子死了上百头牛。而且死得很惨：牛的眼睛、耳朵、嘴唇和鼻子都被刀割了，牛尸的血液全被抽光。

牧场主伤心之余，请来警方人员，包括法医在内，进行调查研究。牧场四周没有可疑的足迹，没有车辆的轮辙；牛的伤口被刀切割后并不淌血，但身上的血确实被抽干了。牧场主本人也提供不出这儿发生过的异常情况。

一波未平，一波又起。几天后，美国许多地方的牧场先后发生类似怪事，被杀的牛累计达六千头以上。受害最重的是卡斯凯德郡。

美国政府接到各地报告，责成警察当局和联邦密探队组织联合调查组，逐个地区认真侦查。他们发现，被杀的大多是安哥斯和夏罗雷的混血种公牛；被切除的部分大多只是器官的半边，如眼睛的上眼皮或下眼皮，右耳或左耳，上嘴唇或下嘴唇，甚至鼻子的半边，等等。如同在蒙大拿州发生的情况一样，伤口不见血迹，可牛身上的血液不知怎么全被抽去。牛尸附近找不到任何脚印，甚至连一根青草倒伏的痕迹也没有。只有几处地方，有圆形的如乒乓桌那么大小的一片焦黑，好像被火烧过那样。

联合调查组下不了结论，特地邀请了一些科学家来鉴定。最后得出这样的结论：残杀牛的手段、工具及方法，并非人力所为；最大的可能性是外星人乘坐飞碟光临，他们是在搞取种牛的器官和血液做生物试验。

但这只是一种推测，没有真凭实据。然而，也只能这样解释了！至于究竟有没有飞碟，有没有外星人，全世界都关注着，探索着。

"梦游"飞越太平洋

这件奇事发生在距今一百年前的一个普通的夜晚。

在位于赤道北部的东南亚岛国菲律宾首都马尼拉，总督马哈托开完会议，驱车回他的私人宅邸休息。他刚走上楼梯的转角处，一个黑影朝他扑来！马哈托惊叫一声，倒在血泊中。在他的尸体旁，留着凶手丢弃的沾满血迹的斧子……

总督被谋害后，总督府为了保障官员的生命安全，派保卫人员二十四小时站岗，人来人往，都得严格盘查。

保卫人员中有个西班牙籍的战士，名叫伊巴涅斯，因连续值班站岗，他已经有两个晚上没有合眼了。这天夜晚又轮到他上岗。他事先在酒吧喝了一大瓶威士忌，然后拖着沉甸甸的步子来接班。

伊巴涅斯手里拿着一支步枪站岗，两腿发酸，脑子里昏昏沉沉的，上下眼皮直打架，这时最好的享受便是躺下来美美地睡一觉。不一会儿，他就支撑不住了，身子一点点地往下坠，终于蜷缩在岗亭旁边呼噜噜地睡着了。

睡梦中，伊巴涅斯觉得浑身沉重，疲劳不堪……

第二天早晨，强烈的阳光把他从梦中唤醒。他意识到自己因喝醉把站岗值班的事耽误了。便糊里糊涂地去摸身边的那杆枪。正在这时，一条高大的狼犬扑过来朝他吠叫着，把他的睡意完全驱散了。

可是当他抬起头来看了看周围时，又立刻惊呆了。他发现自己已经不在马尼拉总督府的门前。这里的一切是完全陌生的，街道、建筑以至树木花草竟和马尼拉的截然不同。更使他惊异的是，来来往往的行人都说着他熟悉的语言——西班牙语！难道莫名其妙地跑到另外一个国家来了么？

伊巴涅斯断定自己还在梦里，便使劲掐了掐自己的大腿。哎？有痛感呀！这下子他彻底糊涂了。他仰起头来仔细察看对面那座十分雄伟的建筑，只见上面的一块金属标牌上镌刻着几行西班牙字母："墨西哥合众国政府大厦"。

如果不是在做梦，怎么可能在一夜之间从东南亚的菲律宾来到中美洲的墨西哥，跨越了整个太平洋？！

伊巴涅斯忘了饥饿和疲劳，懵懵懂懂地在大街上走着。后来他拉着一个五十岁左右的老妇人询问，才知道这里确实是墨西哥的首都——墨西哥城。

伊巴涅斯绝对不相信这是事实。他一路问去，路上的行人观察他的脸色，都断定这位外国士兵精神失常了。

极度的困惑和惊愕使伊巴涅斯的心情变得十分烦躁。他拦住了几个行人，把自己昨晚如何喝醉了酒，如何在岗亭旁睡下，以及醒来时的情景都告诉了他们。

这下子糟了，伊巴涅斯的话引来了一大群围观者，他们一致认为这个小伙子肯定是个精神病患者。有个人立即跑去叫来了一辆出租车，人们推推搡搡地强行把他押上了车，送进了市里一家精神病康复医院。

不管伊巴涅斯如何解释，医生还是坚持让护士给他吃药。伊巴涅斯实在忍受不了，抗议医生侵犯他的人权。但他越是闹得凶，医生越认为他的病情严重。

这件事引起了警方的注意。一天，警官亲自来看伊巴涅斯，并详细地询问了一些情况。伊巴涅斯只得把几天前菲律宾总督被人暗杀，以及案发后加强值班警卫的情由告诉了警长，他说："这个特大事件迟早会传到你们这里来的，那时你们就会相信我不是在撒谎了！"

当时，电讯还很落后，不像现在这样，通过电台和电视台可以在几分钟后把一件事传遍全世界。两个月以后，有一艘商船从菲律宾开来，船上的人把他们那里发生的总督被害事件告诉了墨西哥人。

医生听说了这个新闻后，只好把伊巴涅斯作为正常人放出医院。临别时，那位医生大惑不解地看着这个年轻士兵问："我只好相信你说的是实话了。请问你有梦游症吗？"

伊巴涅斯点点头说："曾经有过。"

医生听了却又立即摇着头说："可是，从医学角度来说，一夜间从菲律宾跨越太平洋到墨西哥来，这样的梦游是不可能的！"

这到底是怎么一回事呢？科学家们猜测，伊巴涅斯也许是被"外星人"用飞碟从菲律宾运到墨西哥的。但乘坐飞碟是什么样的情景，"外星人"又是怎样将他送来的，这一切都因为当时伊巴涅斯沉睡着而不得而知。

戈壁沙漠的"外星人"干尸

　　前苏联科学家杜朗诺克博士曾在南斯拉夫宣布了一个惊人消息：前苏联科学考察队于1987年11月，在戈壁大沙漠发现了一个直径22.87米的不明飞行物。那是一个碟型的飞行器。里边还保存有14具外星人尸体。此不明飞行物至少坠毁于1000年前。

　　他说，这不仅证明外星人早已存在，而且说明超级技术已存在10个世纪之前。他透露说，前苏联科学家是在戈壁沙漠调查时，发现了这个半埋在沙堆内的飞行物的。这一发现对于研究1000多年前外星人宇航技术是不可多得的宝贵实物资料，其价值之巨大是无法估量的。

"神话"与"外星人"

在我国古代流传着其他星球有人的神话就有"嫦娥奔月"、"牛郎织女"等优美的故事，同时我们的祖先还塑造了许多天神的形象。

在非洲的马里共和国境内，有一个名叫多根的原始部落。虽然多根人还处于原始生活中，但却有着惊人的天文知识，流传着飞船与人鱼的神话：据说在很远的时候，有一种半人半鱼的怪物乘飞船从天狼星上下来。这种半人半鱼的来客很像海豚，除嘴巴之外，还有通气孔，在锁骨下方，是两条长而细的裂缝。多根人感到非常惊异，于是把它们当神拜祀。至今多根人还保存一张图画，是他们信仰的神驾驶一艘拖着一条火焰的飞船自天而降的场面。

就神话而言，当然包含着人为编造的故事，然而为什么世界各地古老的民间传说中，其内容竟如此地相似呢？"神"为什么都是由天而降呢？试想古代人所说的"神"，会不会就是来到地球访问的外星人呢？

请再看印度一本古老的神话集中的一个故事吧：一队天外人在几千年前乘着一艘飞船飘摇而来，在天上绕了几圈，悠然着陆。……这些天上来的人，受到地球上的人们的尊重。可是这些天上来的人发生了分歧和分裂，结果一部分人到另一个城里去了，于是另一部分人在头领带领下，随同武士驾一艘飞船腾空而起，向对方城里发射了一个爆炸物。只见城里升起一团火球，火光冲天，城中居民或伤或亡，无一幸免……头领眼见得自己对同胞如此残酷，罪恶深重，于是他召集余下的男女老少，登上飞船，直冲云端，湮没在苍穹，永未复返。这个故事对外星人来去之行踪描述得何等明确清晰！美国著名学者卡尔·萨根博士在他的著作中指出，印度古籍中这种描写在欧洲也有。

神话毕竟不能代表事实，不过至少可以说明，早在我们人类的祖先时代已经有了对外星人的想往了。

古代绘画与"外星人"

如果说"神"是古代人极端崇拜、为之歌颂不已的尊敬的形象的话，那么在绘制神像之时，其构思在形象上应该说是美好的。然而事实并非如此。

古文物考察工作者在我国内蒙古自治区中部的狼山山脉中发现大批画在岩石上的古代岩画，其中一部分被研究者认为是"神灵圣像"画。因为在这些图画的前面，地面空旷，留有当年举行祭祀的痕迹。可是古代人为之祭祀的"圣像"都是一副奇特而丑陋的形象。有一幅描绘了两个桃子形的头，尖部朝上，其面部有两只圆形的眼睛。这眼睛又被另一层桃子形的轮廓所包围，有点像戏剧中的孙悟空的脸谱，但是没有鼻子和嘴。同时在它的周围还刻画着许多球形体，似乎是表示天空星星的相互位置。人们在又一幅类似奇异的"神像"中还看到刻着"大唐"的字样，如果说绘画与题字是同时所作的话，那么在文化已相当发达，佛教、道教已十分流行的唐代，为什么不刻画佛像或道像，反而要刻画如此不可思议的圣像呢？再说，古代传说中的诸神都是生活在天堂里的，难道真的是天上来的外星人被误作为了"神"的模特儿了吗？那奇形怪状的桃子形的头壳竟是外星人某种宇宙服上的头盔吗？

除此之外，在20世纪20年代，一位叫安德森的瑞典地质学家、考古学家在宁定（今广河）得到几件新石器时代马家窑半山文化类型的陶塑半身人像。这些陶塑像往往是作为神的形象被人膜拜的。其中的一件塑的似乎是一个头戴着溜圆头盔的人头像，其额上有两块对称的圆镜状物，极像一副头盔上的防风镜。这头盔好像与衣服相连，整个脖颈都封闭在里面。从整个头像观察，完全像是一个身穿密封宇宙服的宇航员。

不仅在我国，在日本、意大利、非洲的撒哈拉大沙漠等地都发现了许多古代人绘制的身穿类似宇宙服形象的岩画和陶塑像。这些形象令人惊诧不已，这到底是我们的祖先凭空想象创作出来的呢，还是依照从天而降的外星人的模样而描绘出来的艺术形象呢？

　　然而，如果只凭今天或昨天已经知道的观念作为考虑问题的根据的话，那么就未必能对明天的成果作出正确的结论。

地球出现过几种外星人

据研究飞碟问题的专家说，至少有下列四种外星人经常访问地球。

矮小的大头怪物，他们平均高度是1-1.5米。头部特大，眼睛圆形，但没有瞳孔，有耳朵及鼻梁，在鼻的部位有两个小孔；他们的嘴巴只有一条缝，并无嘴唇、头发或牙齿；指缝间长蹼而没有拇指。

试验用的动物，这种来自外星球的长毛动物，外貌像猩猩，全身有毛，手臂特别长，牙齿锐利，最高达2米，体重约200千克。科学家认为这是外星人用来做太空飞行试验的动物，就像我们用猴子做试验一样。

类似人的外星人与人类也有别的差别。在美国俄明州的目击者看到外星人有1.8米高，两腿弯曲而没有手掌，一只袖管只伸出一条长杆，每次他挥动那根杆，周围的物件就会移动或消失。机械人，大约1.5米高，有头，但没有颈，也没有眼和鼻，头顶有天线伸出。

月球是"外星人"宇宙站?

关心月球存在智能活动的另一种观点是：月球是空心的。当美国"阿波罗11号"宇宙飞船1969年7月20日月球登陆成功以后，不少月岩标本被带回到地球上来，对这些样品的分析结果使人吃惊。前苏联天体物理学家瓦西尼和晓巴科夫撰文道："月亮可能是外星人的产物，15亿年来，它一直是他们的宇航站。月亮是空心的，在它荒漠的表面下存在着一个极为先进的文明。"

阿波罗计划进行过程中，当2号宇航员回到指示舱3小时后，"无畏号"登月舱突然坠毁在月球表面。设置在距坠毁处45英里的地震记录仪记到了持续15秒钟的震荡声。声音越传越远，慢慢地减弱，先后共延续了半小时。这种无线电震荡，好像一只巨大的钟发出的声音，如果月球不是空心的，那么这声音只会延续1分钟。这一现象对认识月亮的构成和月球的性质作出理论假设很有帮助，我们的卫星可能是空心的。

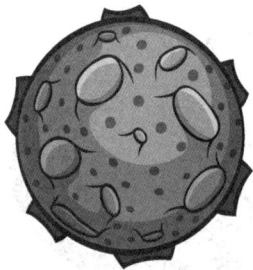

智慧生命的生存条件

迄今为止，我们只知道人类自己是宇宙中的有智慧的物种。那么，宇宙中还有没有其他智慧生命呢？这个所谓"外星人"问题，一直困扰着中外科学家。

要合理地解释这个问题，基点只能放在人类迄今对生命，特别是智慧生命存在条件的认识和对天文学研究的结论之上，而不能靠神话、传说或幻想。

由于人类居住在地球上，太阳又是哺育生命成长的根本动力，所以，寻找智慧生命的问题，就归结为寻找类似太阳这样的恒星和围绕这种恒星运转的类似地球这样的行星存在的可能性。又因为我们对河外星系了解得太少，连究竟有多少个河外星系都不清楚。为了慎重起见，科学家们把目光集中到了太阳系所在的银河系身上。

如果恒星太大，寿命就会比较短；如果恒星太小，则在其行星上很难形成生态圈。恒星表面温度太高，稳定性就差；表面温度太低，又难以给行星提供足够能量。只有质量在1.4到0.33个太阳质量，表面温度适中的恒星，即太阳型恒星系统才可能孕育生命。银河系中这类恒星大约占四分之一左右。

如果一颗恒星是太阳型的，它还得满足其他条件才能充当生命的摇篮。首先，在银河系中，有60%的太阳型恒星是与其他恒星成双成对出现的，即所谓双星系统。只有当太阳型恒星与小恒星或另一颗太阳型恒星，而不是与巨恒星相伴对，才有一定可能性出现生态圈。考虑到这一因素，太阳型恒星中拥有生态圈的又只占三分之二。

其次，孕育生命的前提之一是恒星系统中必须含有碳、氧、氮、硫这样一些"生命元素"，而含有这样丰富元素的只能是处在银河系外围，而且是经历过数亿次超新星爆发后形成的所谓第二代星族I恒星。在具备有用的生态圈的太阳型恒星中，只有10%是第二代的星族I恒星，这很少数太阳型恒星才有可能拥有地球型行星绕之转动。

第三，如果恒星的条件满足了上述要求，甚至一个恒星和太阳的物理化学状况一模一样，也只有二分之一的几率存在一颗依偎着它的行星。

第四，有了一颗行星，还必须质量足够大（0.4倍地球质量以上）才能维系一个稳定的大气层；行星轨道的偏心率又必须足够小，才能使一年的气温保持在较小范围，保证生命承受得住；行星上不能没有陆地，也不能陆地太少，以使生命有进化之大地，行星年龄要有四五十亿年，以使生命有进化的时间……

这样一个套一个先决条件排下来，银河系中符合这些要求的恒星系统不足全部恒星的1%，那么银河系中可能拥有智慧生命的行星大约在3.9亿到10亿个。

但是，哲学家们对这种估算提出了一个致命的问题：上述根据太阳—地球—生命—人类的推理均建立在人类中心主义的逻辑前提之下，难道人类是智慧生命的唯一形式？以完全不同的化学元素和完全不同的生理结构组成的"生命"和有自我意识能力的物种难道就不存在？科学家们对这个问题的回答多数是否定的，但也有少数人保留进一步探讨的权利。

与地球外文明沟通

　　地球之外有没有文明世界？科学家正在通过几条途径寻找地外文明，即：接收"外星人"发来的信息；发射空间探测器去巡游；向外星人发送人类文明信号。

　　最早采用的是接收外来信息的方法。从1959年开始，天文学家先后选择了宇宙中不同的波长段为监听对象，试图能筛选出文明信号。其中最著名的一次是美国加州大学伯克利分校，从几千万个频道中记录到4000个可疑信号，但发现其中的3900个来自地球本身，90个来自卫星和飞机，其余10个是否来自外星人，现在还不能判定。

　　第二个办法是主动地向地外文明传送地球文明信息，这比较难以做到。20世纪50年代以来，空间技术的飞速进步为实现这类计划奠定了基础。1972年3月和1973年1月，美国先后发射了飞向外行星的探测器"先驱者10号"和"先驱者11号"；1977年8月、9月又发射了宇宙飞船"旅行者1号"和"旅行者2号"，它们分别携带了镀金铝制人类"名片"和铜制"地球之音"唱片，"名片"上示意探测器是地球男女从太阳系的第三颗行星上发射的，唱片上则以编码信号形式录制了116张图片，其中有地球风貌、人类形象、世界名曲、古今建筑等，但愿几十万年几百万年后探测器能被"外星人"捕获，他们破译了人类信息并向地球致答辞。这些探测器的缺点是有去无回，因此英国科学家们提出了一项计划，想向距离太阳仅5.9光年，又与太阳十分相似的巴纳德星发射一艘可控飞船，这飞船飞行47年后，将能近距离考察那里有没有类人物种。但这项计划难度极大，乐观的估计也要到21世纪中叶才能实施。

　　靠飞行器运载人间信息固然有形象直观的优点，但它的速度对于以光年计划的实际空间而言，毕竟太慢了。因此天文学家又在开展利用无线电波向可能有智慧生命的星球发射信息的工作。例如1974年11月，著名的阿雷西博天文台就向武仙座球状星团M13发出了一封介绍地球和地球人的电报。M13离地球也有2400光年，所以如果外星人真的回电了，收到回电的也只能是我们4800年后的晚辈了。

近40年来，人类为了搜寻地外文明信息，除了利用通信和空间技术的高技术方法外，还研究过有否外星人来到地球的遗迹，可惜至今毫无收获。因此有些科学家反对继续探索地外文明的智力财力投入，但多数科学家主张继续寻找下去。

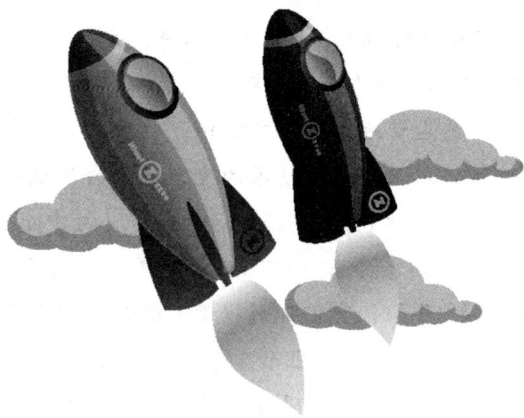

参 考 书 目

《科学家谈二十一世纪》，上海少年儿童出版社，1959年版。

《论地震》，地质出版社，1977年版。

《地球的故事》，上海教育出版社，1982年版。

《博物记趣》，学林出版社，1985年版。

《植物之谜》，文汇出版社，1988年版。

《气候探奇》，上海教育出版社，1989年版。

《亚洲腹地探险11年》，新疆人民出版社，1992年版。

《中国名湖》，文汇出版社，1993年版。

《大自然情思》，海峡文艺出版社，1994年版。

《自然美景随笔》，湖北人民出版社，1994年版。

《世界名水》，长春出版社，1995年版。

《名家笔下的草木虫鱼》，中国国际广播出版社，1995年版。

《名家笔下的风花雪月》，中国国际广播出版社，1995年版。

《中国的自然保护区》，商务印书馆，1995年版。

《沙埋和阗废墟记》，新疆美术摄影出版社，1994年版。

《SOS——地球在呼喊》，中国华侨出版社，1995年版。

《中国的海洋》，商务印书馆，1995年版。

《动物趣话》，东方出版中心，1996年版。

《生态智慧论》，中国社会科学出版社，1996年版。

《万物和谐地球村》，上海科学普及出版社，1996年版。

《濒临失衡的地球》，中央编译出版社，1997年版。

《环境的思想》，中央编译出版社，1997年版。

《绿色经典文库》，吉林人民出版社，1997年版。

《诊断地球》，花城出版社，1997年版。

《罗布泊探秘》，新疆人民出版社，1997年版。

《生态与农业》，浙江教育出版社，1997年版。

《地球的昨天》，海燕出版社，1997年版。

《未来的生存空间》，上海三联书店，1998年版。

《宇宙波澜》，三联书店，1998年版。

《剑桥文丛》，江苏人民出版社，1998年版。

《穿过地平线》，百花文艺出版社，1998年版。

《看风云舒卷》，百花文艺出版社，1998年版。

《达尔文环球旅行记》，黑龙江人民出版社，1998年版。